U0283477

BR's

Imaginary Handbook

蝴蝶之书

蜉蝣解语口袋艺术图鉴

盛妍　朱俊韶　著

人民邮电出版社

北京

图书在版编目（CIP）数据

蝴蝶之书：蜉蝣解语口袋艺术图鉴 / 盛妍，朱俊韶
著. -- 北京：人民邮电出版社，2024.8
ISBN 978-7-115-64478-7

Ⅰ.①蝴… Ⅱ.①盛…②朱… Ⅲ.①蝶-世界-图
集 Ⅳ.① Q964-64

中国国家版本馆 CIP 数据核字 (2024) 第 109409 号

内容提要

这些蝴蝶自远方而来，振翅之间，神秘的晶石力量、先民的遗命、亡灵的意志都在向我们一一叙说。

本书以图鉴的形式呈现了 140 种色彩绚丽、造型奇特的幻想系蝴蝶。本书收录的图片精美并配有浪漫的文字解说，让你仿佛置身蝴蝶的王国，聆听蝴蝶的诉说。

本书装帧精美，内容丰富，开本轻巧，便于随身携带，适合对蝴蝶和一切美好事物感兴趣的读者阅读、欣赏，也适合作为日常读物阅读，用于启发灵感，唤醒想象力。

著	盛　妍	开　本	787×1092　1/32
	朱俊韶	印　张	7.375
责任编辑	闫　妍	字　数	170 千字
责任印制	周昇亮	2024 年 8 月第 1 版	
		2025 年 3 月天津第 2 次印刷	

人民邮电出版社出版发行　　　　　定　价　129.00 元
北京市丰台区成寿寺路 11 号
邮　编　100164　　　　　　　　　读者服务热线：(010) 81055296
电子邮件　315@ptpress.com.cn　　印装质量热线：(010) 81055316
网　址　https://www.ptpress.com.cn　反盗版热线：(010) 81055315
天津裕同印刷有限公司印刷

目 录

01 图兰可地区 / 006

图兰可帕尼亚粉蝶…………… 006
图兰可紫洛蝶………………… 008
图兰可夜闪蝶………………… 010
图兰可"温莎小姐"…………… 011
图兰可蓝喆蝶………………… 012
图兰可素霖蝶………………… 014
图兰可琼羽蝶………………… 016
图兰可霜翅蝶………………… 018
图兰可霜翅蓝蝶……………… 020

02 坦尔木地区 / 022

乌喀山野火蝶………………… 022
森兰维斯千佑蝶……………… 024
坦尔木甜果蝶………………… 026
森兰维斯紫布林蝶…………… 028
森兰维斯青云蝶……………… 029
坦尔木眠眠蝶………………… 030
森兰维斯海恩蝶……………… 032
森兰维斯冉冉蝶……………… 034
森兰维斯蓝莉蝶……………… 036
森兰维斯蔚灵蝶……………… 038
森兰维斯缚凌蝶……………… 040
森兰维斯奥瑞莉娅蝶………… 042
森兰维斯般慕蝶……………… 044
乌喀山浮洇蝶………………… 045
森兰维斯夜曦蝶……………… 046

03 日暮川地区 / 048

日暮川叶翅蝶………………… 048
日暮川桑桑蝶………………… 050
日暮川"绯红小夜曲"………… 051
日暮川"暗夜骑士"…………… 052
日暮川千媚蝶………………… 054
日暮川兰织蝶………………… 056
日暮川露明娜蝶……………… 057
日暮川钻尾蝶………………… 058
日暮川伶尾蝶………………… 060
日暮川曦瑶蝶………………… 062
日暮川荷茄蝶………………… 064
日暮川蓝霜蝶………………… 065
日暮川灵魅蝶………………… 066
日暮川罗莎蝶………………… 067
日暮川福依蝶………………… 068
日暮川舒灵蝶………………… 070
日暮川紫霜蝶………………… 072
日暮川"夏之翼"……………… 074
日暮川嫣若蝶………………… 075
日暮川赤渊蝶………………… 076

04 青陵川地区 / 078

青陵川蓝守蝶………………… 078
青陵川莲白蝶………………… 080
青陵川沧浪蝶………………… 082
鲸山岛海鳞蝶………………… 084

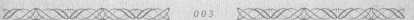

鲸山岛紫珊蝶·············086　　青陵川清泗蝶·············098

青陵川穴粉翅蝶·············088　　青陵川水云蝶·············099

青陵川萝茵蝶·············090　　金溪川"奇幻仙境"·············101

青陵川娑墨蝶·············091　　青陵川沐风蝶·············102

青陵川哀筝蝶·············092　　青陵川艳凌蝶·············103

青陵川燕清蝶·············094　　青陵川紫愈蝶·············104

青陵川杜莲蝶·············095　　鲸山岛清浅蝶·············105

青陵川清秋蝶·············096

05 贝安纳斯地区 / 106

贝安纳斯沸月蝶·············106　　贝安纳斯青雪蝶·············118

贝安纳斯露西蝶·············108　　贝安纳斯依灵蝶·············120

贝安纳斯粉宿蝶·············110　　贝安纳斯粉蒗蝶·············122

贝安纳斯泽灵蝶·············112　　贝安纳斯"失落花园"·············125

贝安纳斯琴仙蝶·············114　　贝安纳斯颜玉蝶·············126

贝安纳斯静梓蝶·············116　　贝安纳斯玉罗蝶·············128

06 安托尼亚地区 / 130

安托尼亚叶橙蝶·············130　　安托尼亚醉水蝶·············140

安托尼亚夕山蝶·············132　　安托尼亚青芮蝶·············142

安托尼亚青花蝶·············134　　安托尼亚绿禾蝶·············144

安托尼亚蓝食虾蝶·············136　　安托尼亚红素麟蝶·············146

安托尼亚宝螺蝶·············138　　安托尼亚焰葵蝶·············148

安托尼亚云川蝶·············139

07 班塞尔地区 / 150

班塞尔桃丽丝蝶·············150　　班塞尔金格蝶·············160

班塞尔粉瑛蝶·············152　　班塞尔翠英蝶·············162

班塞尔火墨蝶·············153　　班塞尔野曦蝶·············164

南安格尔澄日蝶·············154　　班塞尔贝樱蝶·············166

南安格尔织尤蝶·············156　　班塞尔紫璨蝶·············167

南安格尔虹露蝶·············158　　班塞尔洛伊蝶·············168

班塞尔红英蝶·············159

Contents

08 威斯特娜地区 / 170

威斯特娜娥菲蝶…………………… 170
威斯特娜红穗蝶…………………… 172
威斯特娜霞珠蝶…………………… 173
威斯特娜蓝棋蝶…………………… 174
威斯特娜娇绫蝶…………………… 176
威斯特娜白幽蝶…………………… 178
威斯特娜含香蝶…………………… 179
威斯特娜漓蕊蝶…………………… 180

海安瑟鲁金幽蝶…………………… 182
海安瑟鲁亡灵蝶…………………… 184
海安瑟鲁奥尼蝶…………………… 186
海安瑟鲁晶伊蝶…………………… 188
海安瑟鲁落珠蝶…………………… 189
威斯特娜桃月蝶…………………… 190
威斯特娜碧罗蝶…………………… 191

09 玛佩尼奥地区 / 192

玛佩尼奥青焰蝶…………………… 192
玛佩尼奥玉魄蝶…………………… 194
玛佩尼奥蓝尾翼蝶………………… 196
玛佩尼奥罗莎琳蝶………………… 198
玛佩尼奥蓝幽蝶…………………… 199

玛佩尼奥黑魍蝶…………………… 200
玛佩尼奥红翼蝶…………………… 202
玛佩尼奥紫铃蝶…………………… 204
玛佩尼奥"荧之谷"………………… 207

10 威名森娜地区 / 208

威名森娜圣茵紫蝶………………… 208
威名森娜落洛蝶…………………… 210
威名森娜苏林蝶…………………… 212
威名森娜红岩蝶…………………… 213

威名森娜罗兰蝶…………………… 214
威名森娜琪兰蝶…………………… 216
威名森娜橙羽蝶…………………… 217
威名森娜听叶蝶…………………… 218

11 奎维斯顿地区 / 220

奎维斯顿"长夜行者"……………… 220
奎维斯顿翠榛蝶…………………… 222
奎维斯顿碎岩青蝶………………… 224
奎维斯顿温西蝶…………………… 226
奎维斯顿止灵蝶…………………… 228

奎维斯顿紫髓蝶…………………… 230
奎维斯顿紫茵蝶…………………… 231
奎维斯顿梓英蝶…………………… 232
奎维斯顿灰荧蝶…………………… 234

后记 / 236

Turanco
Pania Pink Butterfly

图兰可帕尼亚粉蝶

　　帕尼亚粉蝶是图兰可地区的居民从贝安纳斯地区引入的小型蝶种，可以作为宠物来饲养。帕尼亚粉蝶以花的花蜜为食，可以把它放在家里一个舒适、安全的地方，不需要笼子或其他特殊的设备。只要它有足够的食物和适宜的温度，就能生活得很舒适。帕尼亚粉蝶有着鲜艳的粉红色翅膀，触感柔软。

它只有几厘米大小，是完美的掌中宠物。它是一种友好的蝴蝶，喜欢与它的人类伙伴互动。可以看着它在家里或花园里优雅地飞舞，也可以在阳光明媚的日子里带它出去散步。帕尼亚粉蝶的粉色翅膀是它的翼鳞中的色素沉淀

的结果，翼鳞是由甲壳素构成的，这是一种坚韧的保护性材料，在昆虫的外骨骼中可以找到。它的翅膀上覆盖着微小的鳞片，有助于绝缘和防水，也可以形成色彩和图案以伪装或吸引配偶。

附记录

由于图兰可地区寒冷，它只有在夏天很短的几天内，当气温达到十几度时才可以飞出室外，大多数时间它都睡在家中的壁炉边上，或者围绕于主人的窗前。帕尼亚粉蝶是图兰可地区一个美妙的存在，充满活力的粉红色翅膀和俏皮的天性给严寒地区的人们带来无尽的欢乐和慰藉。

图兰可紫洛蝶

　　紫洛蝶是一种活动于图兰可地区的大型蝶种，翅膀为深紫罗兰色，翅展约为 15 厘米。由于该地区气候恶劣，紫洛蝶的身上已经长出了一层厚厚的绒毛，用来保持体温，保护自己不受冰冷的风的影响。

它的触角也比其他蝴蝶的长，使它能够探测到温度和湿度的变化。

紫洛蝶是一种孤独的大型蝴蝶，数量稀少。

附记录

紫洛蝶的栖息地是寒冷多雪的北独立城，很少有其他昆虫能在那里生存。然而，它能够精准找到只生长在这一地区的稀有花卉——极地风铃草的花蜜。这种花的根扎得很深，可以承受冰冷的温度，并能产生一种营养和糖分更丰富的花蜜，人们也利用紫洛蝶的身影去寻找这一花卉，极地蜜也成了当地有名的特产。 ◇◇◇◇

它大部分时间都在寒冷、贫瘠的环境中寻找花蜜和其他食物。它能够通过进入休眠状态来度过漫长而严酷的冬季，直到气候温暖时再回来。 ◇◇◇◇

附记录

夜闪蝶能够在低温下飞行，
经常在夜间出没。

当很多夜闪蝶出现时，雪国
的夜幕便是它们的秀场。

图兰可夜闪蝶

夜闪蝶是图兰可地区独有的蝴蝶，翅膀表面由数以千计的微小而均匀的鳞片构成，每片鳞片都呈现微小的六边形结构，形成一种透明的质感。这些鳞片不仅赋予翅膀极光般的色彩，还具有微小的反光效果，在图兰可幽蓝的夜色的衬托下璀璨夺目。

Turanco'
Miss Windsor

附记录

"温莎小姐"的别名来自图兰可历史上的一位公爵之女，当时正逢冰原蛮族进攻北独立城，围城三月，整个城内弹尽粮绝，人民深受其苦。而这场战争的转机正是这位拥有倾城之姿的公爵之女主动献身于

蛮族首领，使用家族秘法以自身为毒毒害了贪色的首领，而自己随后也毒发身亡。冰原蛮族退军的那一天，许多赤缘冰蝶飞入城内，人们总觉得"温莎小姐"并没有离开，而是以另一种方式守护着这片故土。

图兰可"温莎小姐"

学名：图兰可赤缘冰蝶

　　赤缘冰蝶是图兰可地区的一种小型蝶种，它的翅膀以蓝白色为主，边缘有血色的纹路，在极地地区尤为显眼。它的尾端有一根很短的针，带有致命毒素。当它的生命受到威胁时，便会将毒针刺入对方的体内。若刺入人体之中，皮肤会立马红肿溃烂，需尽早挖去。但"温莎小姐"的毒针连接着自己的内脏，蜇完别的生物后，自己的生命也就走向了尽头。它们的数量极少，以一些树果为食，几乎不主动攻击人类。

图兰可蓝喆蝶

　　蓝喆蝶栖居在寒冷的图兰可地区，是一种小型蝶种。在图兰可常年冰雪的笼罩下，它的翅膀内侧就像冰晶一样闪闪发光。蓝喆蝶有一个特殊的循环系统，可以帮助身体和翅膀保持热量，从而适应寒冷的气温。人们偶尔会看到它们在白雪皑皑的苔原上优雅地飞行，即便面对极寒天气也毫不畏惧。

蓝喆蝶的生命周期可达数月，它们会抓住时机在图兰可短暂的夏季产卵和孵化幼虫。幼虫没有耐寒能力，它们要赶在漫长的冬季来临前进入预蛹期。它们以图兰可当地的野草为食，它们的蛹呈淡蓝色，就像一颗颗小宝石，悬挂在草叶之下。◇◇◇◇

附记录

随着气温的下降，蓝喆蝶会减缓新陈代谢以度过严冬。它们藏在岩石缝隙等隐蔽处积蓄能量，等待短暂夏季的来临。◇◇◇◇

· 01 ·

图兰可素霖蝶

在图兰可南部较温暖的地带，栖居着一种素霖蝶。它们的翅膀曾经闪烁着祖母绿的光彩，但随着一代一代的进化演变，大部分已经失去了这种特性。

据学者研究，这种光彩在曾经图兰可拥有大量光照的时候并无大碍，但随着图兰可的黑夜越来越长，这种光彩会吸引南部一种巨蜥的注意。在长久的进化后，现在的素霖蝶外表蒙上了一层灰蓝色，但它的体内还残存着一种特殊的荧光物质。素霖蝶的生命周期在十个恒星日左右，主要食用矿石中的一些微量元素。

附记录

素霖蝶的栖息地被称为"荧光峡谷"，据说这里曾经是发光生物们的天堂，但随着图兰可漫长黑夜的到来，这里的物种越来越少。虽然此处还保留着"荧光峡谷"之名，但其实和普通的地方并没有太大分别。

图兰可琼羽蝶

在图兰可的极地环境中，生活着一种琼羽蝶。这种蝴蝶的翅膀如同柔软的鸟羽，呈现出纯净的雪白色，其翅膀边缘泛有蓝色的光，天气越寒冷，这种颜色就会越深。它的每一片翅膀都覆盖着细腻的羽毛状纹理。当琼羽蝶的翅膀展开时，羽毛状的纹理会在阳光下闪耀。

这些柔软的翅膀轻轻摇曳，如同飘逸的白云在空中飞舞。琼羽蝶的翅膀边缘呈现出微微的波浪形状，使其在飞行时显得尤为优雅。琼羽蝶是喜欢生活在宁静的高山中的蝴蝶。它们喜欢采食高山花朵的花蜜，尤其偏爱那些生长在寒冷气候中的花卉。

琼羽蝶的主要食物是极地冰山花朵的花蜜，这使得它们成为冰山地区生态系统中重要的传粉者。与其他蝴蝶不同的是，琼羽蝶的触角上覆盖着柔软的毛发，让它们能够更轻柔地触摸花朵，吸取花蜜。

附记录

在寒冷的夜晚，琼羽蝶会将翅膀合拢，羽毛状的纹理形成了一层保暖的绒毛，帮助它们维持体温，即便在冰山环境中也能够轻松地生存。

· 01 ·

图兰可霜翅蝶

霜翅蝶是图兰可最古老的蝶种之一，最显著的特点是其尾部缀着一颗深蓝色的冰晶。它们也是分布最广泛、最常见的夜行蝶种。它们的翅膀主要呈深蓝色，其上的斑纹就像冰霜图案，在光线下闪烁着蓝色和银色的色调，靠近边缘的地方微微泛青，这有助于蝴蝶在冰雪之夜伪装，与染霜的枝叶在月色下融为一体。

　　霜翅蝶可以承受极端寒冷的温度。它的身体覆盖着一层细密的绝缘毛皮，与图兰可一些哺乳动物的毛皮相似。这种特性有助于其保持核心温度，确保其在寒冷的条件下也能生存。霜翅蝶诞生在寒冷的环境中。毛毛虫用闪闪发光的冰晶纺成的线来编织它的茧。随着温度的下降，茧变得半透明，里面的变化若隐若现。约 20 个恒星日后，时机成熟时，霜翅蝶就会破蛹而出。

◇◇◇◇◇

附记录

当霜翅蝶在寒冷的空气中飞舞时，它的翅膀有时会产生微小的冰晶，在阳光下像钻石一样闪亮。当人们提起图兰可地区时，霜翅蝶绝对是其标志性的代表。　◇◇◇◇◇

图兰可霜翅蓝蝶

　　霜翅蓝蝶是图兰可霜翅蝶的一个变种，与霜翅蝶的显著区别是，很多霜翅蓝蝶尾部下缘的冰晶由于不起什么实际作用已经退化了。而且，与霜翅蝶深蓝色的翅膀不同，当日光照射时，霜翅蓝蝶的翅膀边缘会渐渐变为浅蓝色，甚至透明中混杂着荧光蓝色。

它不仅仅在夜间活动，从白天到黑夜都可以看到它的身影。而当入夜时，就像冰霜融化般，翅膀的颜色逐渐变深，散发出荧蓝色的光。除外观和活动时间不同以外，其他生物特性都与霜翅蝶类似。这两种蝴蝶也可以互相交配。

◇◇◇◇◇

附记录

当冬天少见的阳光笼罩图兰可大地时，霜翅蓝蝶透明的翅膀和尾部的冰晶散发着柔和的光，在冰天雪地的图兰可地区，这也是一抹别样的色彩。◇◇◇◇◇

· 01 ·

Ukah
Wildfire Butterfly

乌喀山野火蝶

乌喀山野火蝶是一种常年隐于乌喀山间的小型蝶种，它的身体纤细而修长，呈现出一种近乎黑色的金属光泽，与翅膀的颜色完美融合。野火蝶以其强烈的毒性而闻名，毒素产生于其体内的特殊腺体中。这种毒素是一种强效的神经毒素，可以导致接触到它的小型动物瘫痪甚至死亡。

野火蝶将这种毒素作为一种防御机制，阻止捕食者攻击它。野火蝶的毒素非常强效，对于小型动物来说，即使接触到少量的也会致命，这让它们成为坦尔木平原最危险的生物之一。但其实野外遇到的野火蝶对人类或大型哺乳动物的威胁并没

有那么大，通常需要上百只才能使人类或大型哺乳动物中毒麻痹。乌喀山部落的人通过不断的人工培育，已经使其毒性达到极限，通常能致人死于无形之间，甚至不会留下任何痕迹，是最温柔也是最残忍的终结生命的方式。但这种人工培育的蝴蝶的成活率极低，乌喀山部落被灭后，早已销声匿迹，不过人们在野外看到它们时还是会心生忌惮。 ◇◇◇◇

附记录

在乌喀山部落中，野火是自然界中最强有力的元素之一，以这样的名字来命名野火蝶，表明了它极强的致命性。即便后来人工培育的野火蝶已经消失，这个名字也被一直沿用下去，提醒着人们这种曾经不可轻视的可怕的生物的存在。 ◇◇◇◇

森兰维斯千佑蝶

　　千佑蝶是栖居在森兰维斯高山上的蝶种，它的幼虫呈青黑色，身长在 3 厘米左右，以土壤中的小型蠕虫为食，经过 3 至 4 次蜕皮之后，颜色逐渐呈现蓝紫色，身长可达 6 厘米。它们的结蛹期在 18 个恒星日左右，自挂于枝头结蛹，破蛹而出后，翅展约为 10 厘米。

千佑蝶是一种社会性生物，经常可以看到它们成群结队地飞来飞去，或伸出翅膀在植物的叶子上休息。它是一种性情温和的生物，除非受到挑衅，否则从不伤害其他动物。千佑蝶通过颜色和气味来交流。它的翅膀会产生一种独特的气味，帮助它与其他蝴蝶传递信息。当它的颜色最鲜艳时，则表明它准备好了交配。 ◇◇◇◇

附记录

千佑蝶的翅膀呈现一种复杂的蓝紫色光泽，交配时散发出的味道是一种清新的药草味。高山中的通灵者一族将其视为山神的恩泽，因此十分尊敬与保护这些小家伙。 ◇◇◇◇◇

坦尔木甜果蝶

　　甜果蝶是一种广泛分布于坦尔木地区的小型蝴蝶，它的翅展约为 6 厘米，常活动于春夏时节。甜果蝶是一种以水果为主食的蝶种，包括草莓、树莓、黑莓和樱桃等。它的探针特别适合从花中提取花蜜和从水果中提取果汁，使它能够在旅途中进食。

附记录 ∴

与甜果蝶有关的故事是坦尔木文化的重要组成部分，它们的迁徙模式也是许多神话和传说的主题。生活在坦尔木的一个土著人部落，他们相信甜果蝶是生育繁荣的象征。他们会聚集在一起观看蝴蝶的迁徙，并用宴会和仪式来庆祝它们的到来。

甜果蝶是果园和花园里常见的蝶种，它们的流动性极强，经常迁徙，以跟随它们喜欢的水果。在迁徙过程中，它们可以移动很远的距离。因此，甜果蝶还是重要的授粉者，帮助许多果树繁衍。甜果蝶在果树的叶子上产卵，卵孵化成幼虫，幼虫以树叶为食，经过几次蜕皮后进入蛹的阶段。蛹挂在树枝上，进行从毛毛虫到蝴蝶的蜕变，整个周期大约需要六周的时间，成年的甜果蝶会带着美丽的粉色翅膀从蛹里出来。

附记录

紫布林蝶的飞行轨迹遍布整个大陆，不管是奎维斯顿漂浮的矿区，还是青陵川的内陆地区，

人们总是会很惊异地发现紫布林蝶的身影，它是蝴蝶中非常了不起的旅行家。

森兰维斯紫布林蝶

　　紫布林蝶是栖居在森兰维斯高地上的蝴蝶，它的翅膀闪耀着紫色、蓝色和灰色的光泽，以超强的飞行能力而闻名，可以不间断地飞行很远的距离。紫布林蝶的翅膀宽大而轻薄，即使在强风中，也能够毫不费力地在空中飞行，连续数小时也不需要休息。它是一个导航专家，利用太阳的位置和地球的磁场来指引方向。它甚至可以探测到几千米外的花草的气味。

Siranvis
Cyandis Butterfly

附记录

青云蝶的鳞粉是一种珍青的染料，只有森兰维斯地区才有，深受各地区人民的喜欢，

尤其是青陵川等地区，对这种来自异域的天然染料十分追捧，只有在宫廷中才使用。

森兰维斯青云蝶

　　青云蝶是一种栖居在森兰维斯高山上的蝶种，它的翅膀上有一种非常漂亮的鳞粉，当它振动翅膀时，这些鳞粉会脱落下来，形成一种细腻的粉末。经过特殊处理，这种粉末可以被制成细腻、自然的染料。这种染料的颜色非常鲜亮，且具有独特的光泽。

· 02 ·

Tiermo
Sleeping Butterfly

坦尔木眠眠蝶

眠眠蝶是一种分布在坦尔木平原的小型蝴蝶，以总是处于休眠状态而著称。眠眠蝶有比其身体大而蓬松的翅膀，上面覆盖着柔软的绒毛。这些绒毛有助于使蝴蝶的身体保持温暖，这对其在长期睡眠期间保存能量非常重要。眠眠蝶大部分时间都在睡觉，只有在短暂的清醒时分才会从花中采食花蜜。

它们经常被发现依附在叶子的背面或在树枝上休息，在那里，它们可以不受干扰地睡觉。由于它们睡得很沉，经常被捕食者和其他昆虫误认为是死去或受伤的蝴蝶而逃过一劫。眠眠蝶是一种非常社会化的生物，当它们不睡觉时，常常聚集成群。这种群体行为被称为"依偎"，可以在树干或其他物体的表面上找到，在那里，蝴蝶常常一起休息和睡觉。

附记录

由于睡得如此之多，眠眠蝶已经发展出了一些有趣的适应性。例如，它们的翅膀尖端略微弯曲，这使它们在睡觉时可以很容易地抓紧物体表面。它们还有一双大而反光的眼睛，帮助它们保持对捕食者的警惕，即使是在睡觉的时候也毫不放松。

森兰维斯海恩蝶

　　海恩蝶是栖居在森兰维斯的一种蝴蝶，它有独特的外形，既醒目又美丽。它的翅膀呈现金属般的颜色，这是由它翅膀上的特殊鳞片反射和折射光线产生的。海恩蝶的金色翅膀可以帮它吸引配偶和阻止捕食者，一般雄蝶翅膀的金属感很强，同时雄蝶之间也是靠这个特性来竞争。

海恩蝶的翅膀还异常大和强壮，这可以使它长距离地飞行。海恩蝶的幼虫是棕褐色的，在山间毫不起眼，经过几次蜕皮和18个恒星日的结蛹期，海恩蝶便会完全成形。它们是杂食性蝴蝶，寿命可达20天，在森兰维斯的山间随处可见。有时一群海恩蝶一起飞行时，如太阳洒下的金边笼罩整个山间，居民们把这一现象称作"金淋山"。

附记录 ·:·

"海恩"在森兰维斯语中的意思为"明日之愿"，因为金色代表着初升的太阳，海恩蝶身上还混杂着一种特殊的蓝色，这种明亮而充满期待的天空之感深深地鼓舞着人心。无论今日如何，明日依旧值得期待。

森兰维斯冉冉蝶

冉冉蝶是森兰维斯高山区的一种蝴蝶，对植物有着贪婪的胃口。它拥有翠绿的翅膀、银白色的纹路，身体呈现一种柔和的青绿色。经常可以看到冉冉蝶从一株植物飞到另一株植物，喝着花蜜，啃着树叶。

尽管冉冉蝶的胃口似乎无穷无尽，但它很小心，只吃它需要的东西，从不摄入超过正常份额的食物。其实它是一个很好的植物鉴赏家，甚至有些蝶种会追着冉冉蝶的路径觅食。冉冉蝶会用花瓣和叶子来装饰它的巢穴，用它精心收集的植物纤维编织装饰物。 ◇◇◇◇◇

附记录

冉冉蝶最喜欢吃的植物是乳草。这种植物不仅能提供美味的食物，而且还能作为冉冉蝶后代的家。冉冉蝶将它的卵产在乳草叶子的下面，卵在那里被孵化成小毛虫，以植物为食，直到它们也变成美丽的蝴蝶。

◇◇◇◇◇

森兰维斯蓝莉蝶

　　蓝莉蝶是森兰维斯高山地区一种常见的小型蝶种，翅展为1厘米至2厘米，它们主要寄生于树干之中。蓝莉蝶在孕育生命前会花费两三个恒星日准备自己的虫洞，将卵产于其中。幼虫出生时便被柔软温暖的木屑包裹，同时也以这些木屑为食。

其幼虫的身体具有
很强的伸缩特性，方便
它在各个虫洞之间穿行
直至结蛹。蓝莉蝶在成
蝶之后才会钻出树洞，
短暂地享受过阳光之
后，重新回到树干之中，
为自己的后代继续努力
建设。
◇◇◇◇◇

附记录 ∴

蓝莉蝶最喜欢寄生在森兰
维斯一种叫红花松木的
树干上，这种松木的结构
稀疏透气，又有很好的保
暖效果，树干本身还有淡
淡的植物香气，但这种红
花松木也是当地重要的木
材，蓝莉蝶制造的虫洞给
当地从事林业种植的农民
带来了相当大的困扰。

◇◇◇◇◇

森兰维斯蔚灵蝶

蔚灵蝶生活在森兰维斯高山区的树林中，它们经常停留在阔大的叶片上休息。幼虫呈棕黑色，全身覆满透明柔软的长毛，这种长毛只是用来恐吓天敌的，并不会对人体造成伤害，相反其触感十分"软糯"。

它们的身长通常为3厘米至5厘米，在预蛹阶段可以长到8厘米，大约经过18个恒星日后，就会结蛹。蔚灵蝶可以繁殖两次，但生命力很脆弱，许多雌蝶会在产卵过程中夭折，卵的孵化率也很低，所以它们的数量并不多。◇◇◇◇

附记录 ⸫

蔚灵蝶的幼虫在泡水后会膨胀到自身的数倍之大，且触感柔软轻盈。当地人发现这一特性后就开始大量饲养这种蝴蝶，将其幼虫制成床品，数万只幼虫才可织成一床床品，很多外地人对这一做法惊骇不已，但森兰维斯的居民一直秉承着"生于自然，取于自然"的理念，毫不介意。这是当地最豪华的床品，据说能让人如婴儿般酣睡。事实上，许多未明真相的外来者也对这种床品十分着迷。

森兰维斯缚凌蝶

别名：森兰维斯"游曳神"

　　缚凌蝶是森兰维斯高山区的一个小型蝶种，它的翅膀呈艳丽的深红色，闪烁着微妙的金属光泽，每一片翅膀上都细致地分布着如同红宝石般的花纹，身体上覆盖着柔软而丝滑的红色鳞片，在阳光下闪耀。与其他蝶种不同，这种蝴蝶一生都在不断地经历结蛹的过程。

在结蛹的时候，它的翅膀逐渐褪去鲜艳的颜色，呈现出深沉的红褐色。结蛹期间，蝴蝶内部发生复杂的生物变化，为下一次挣脱奠定基础。每次蝴蝶从蛹中挣脱而出，新生的翅膀重新展现出绚丽的红

色，比之前更为夺目。它的身体呈修长的椭圆形，仿佛由细腻的红色绸缎编织而成。仔细看，它身上的红色鳞片间还散发着微弱的蓝色光芒。这种蝴蝶的触角也比一般蝴蝶的更为粗壮，它们不仅具有感知周围环境的功能，还散发着淡淡的香气，与花朵间的香味相互融合。

附记录

据森兰维斯的通灵一族记载，这种蝴蝶缚住的其实是游曳神的灵魂。游曳神曾是天河中众多女神中的一个，因偶然路过森兰维斯，爱上高山通灵族人并诞下半神而受到了天河的诅咒被永远封印在了蝴蝶体内，每一次结蛹都是游曳神在为自由而挣脱，它就这样在不断的充满希望又失望的轮回中挣扎直至死去。

森兰维斯奥瑞莉娅蝶

奥瑞莉娅蝶是森兰维斯高山区的一种蝴蝶，长期生活在海拔很高的裸山之中，它红宝石般的身体光芒四射，金色的翅膀闪烁着太阳的光辉，吸收了太阳的精华。在高山族的印象中，它象征着来自宇宙中心的生命力。

奥瑞莉娅蝶的翅膀上装饰着类似太阳耀斑的复杂花纹，它翅膀上的细鳞片可以捕捉阳光并将其转化为能量，维持它生机勃勃的生命。它的身体可以吸收和储存太阳能，见证着太阳的强度。

附记录

奥瑞莉娅蝶的翅膀散发出柔和的光，如同微型的日落。这迷人的景象在夜间也提醒着人们太阳的影响力，让人们对宇宙的昼夜之舞产生好奇与联想。

Siranvis
Crimson Butterfly

附记录

这种蝴蝶以其优美的飞行姿态而闻名，经常可以看到它们在树梢间翩翩起舞。它们有复杂的求偶仪式，雄蝶会通过展示红色翅膀吸引雌蝶。在交配季节，它们会在树冠上组成壮观的蝶群。

森兰维斯殷慕蝶

　　殷慕蝶是一种中型蝴蝶，翅展通常为 6 厘米至 8 厘米。该蝶种具有性二型，雌雄蝴蝶的颜色略有不同。这种蝴蝶主要栖息在森兰维斯茂密的温带森林中，喜欢在开花植物丰富的地区活动。它们会季节性迁徙，长途跋涉以追随特定的富含花蜜的花朵的开花周期。它的翅膀上部呈现出醒目的深红色，这些花纹因个体而异，因此每只蝴蝶都具有独特的外观。

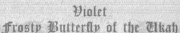

Violet
Frosty Butterfly of the Ukah

附记录

浮洇蝶只在森兰维斯
高山区特定的地方出
现，并且只在傍晚特
定的时间段出现。它
们喜欢栖息在森林深

处，当浮洇蝶停在花
朵上时，它们的翅膀
会轻轻地颤动，发出
一种柔和的声音。

乌喀山浮洇蝶

　　浮洇蝶属晶鳞科，拥有美丽而坚硬的翅膀，在多数时间呈现出深紫色，散发着神秘的光芒。浮洇蝶的翅膀上布满了细小的银色斑点，浮洇蝶的翅膀还有一种特殊的能力，它们能够改变颜色，可以从紫色变成蓝紫色、粉色，甚至金色。这种蝴蝶的体形相对较小，但它们的飞行速度却非常快，能够在植物间快速穿梭。

森兰维斯夜曦蝶

　　栖居在森兰维斯高山区的夜曦蝶的身体小而精致，翅展却可以达到 12 厘米，它的头上有细细的触角，用来在空中导航。它是一种罕见的超大翅展蝴蝶，据说只在森兰维斯高山区森林中最深、最无人问津的地方出现。它的翅膀颜色的深浅会随不同的时间段而改变。

白天，当阳光明媚时，其翅膀呈现出鲜艳的蓝色，在阳光下闪闪发光。但当太阳落山，光线减弱时，其翅膀就会呈现出更深、更浓郁的蓝色，在黑暗中似乎会发光。

∞∞∞∞

附记录

夜曦蝶在森兰维斯的高山族文化中是一种灵性的象征，代表着精神、自由和创造力。在千百年的传统中，人们认为它们也可以穿透尘世，到达不可企及的远方。

∞∞∞∞

Rimochi
Leaveswing Butterfly

日暮川叶翅蝶

　　叶翅蝶是一种小型蝴蝶，主要活动于日暮川诸岛，翅展为5厘米至6厘米。它最显著的特征是其独特的颜色和结构可以与周围的绿叶完美地伪装在一起。它翅膀的上侧是明亮的绿色，略带黄色，而下侧则是较浅的绿色。这种亮绿色是由翅膀中存在的一种特殊色素造成的，这种色素也存在于特定植物的叶片中。

这种色素在叶翅蝶的体内合成，并在发育过程中沉积在翅膀上。除了颜色之外，叶翅蝶的翅膀有一种独特的纹理，能模仿叶子的脉络和图案。这种纹理是由翅膀上具有复杂三维结构的鳞片组成的。这些鳞片不仅有助于伪装，而且还能保护其翅膀不受损害和磨损。它的翅膀呈扁平的形状，使它能够压在树叶上，与周围的环境融为一体。叶翅蝶的动作缓慢而优雅，可以模仿树叶在微风中摇曳的动态，通过这样缓慢而优雅的移动，进一步增强其与周围环境融合的能力。此外，该蝴蝶倾向于在叶子的背面休息，这为它提供了更多的掩护和保护，使其免受捕食者的侵害。

附记录

叶翅蝶的翅膀因其天然独特的颜色和特殊的脉络结构而成为一种热门的标本选择，很多人将其翅膀与树胶融合制作成装饰品佩戴，如树叶一般充满自然气息，却又多了一丝灵动与华丽的轻盈感，深受女孩们的喜爱。

Rimochi
Violet Bloom Butterfly

附记录

白天时，桑桑蝶会进入休眠状态，藏匿于枝叶繁茂的桑棋树的树洞之内。桑棋树是一种重要的经济作物，曾有一段时间，日暮川居民大肆砍伐这种树木，导致桑桑蝶也失去了庇护所，大量的桑桑蝶死去，导致夜间植物的授粉也受到影响，一连串的连锁反应引起了当地环保人士的愤怒，发动了有名的护林运动——"桑桑行动"。

日暮川桑桑蝶

　　桑桑蝶是一种中等大小的蝴蝶，翅展约为 6 厘米。翅膀的上侧是紫罗兰色，下侧是一种柔和的淡紫色，有深的脉络和斑点图案。桑桑蝶是一种夜行性蝴蝶。它在夜间最为活跃，主要以在夜间开花的花的花蜜为食，并传播其花粉。桑桑蝶有一种特殊的适应性，能够在低光照条件下看到东西。它的眼睛含有特殊的色素，对紫外线敏感，让它能够在黑暗中导航并找到它的食物来源。

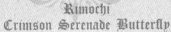

Rimochi
Crimson Serenade Butterfly

附记录

人们说大部分蝴蝶都在沉默
中度过它们的一生,只有"绯
红小夜曲"活得喧闹而热烈。

许多旅人不远万里来到日暮
川,聆听它们的歌声,感受
生的喜悦。

日暮川"绯红小夜曲"

学名: 日暮川绯红黑玉蝶

　　"绯红小夜曲"是一种栖居在日暮川的小型蝴蝶,它有一种
独特的生物特性,能在夜晚发出动听的叫声。"绯红小夜曲"是
一种稀有且难以捉摸的蝶种,通常出现在日暮川林地的最深处。
它火红色的翅膀质地像天鹅绒,反射着柔和的月光。它的生命周
期会贯穿整个夏夜,不知疲倦地吟唱着,直到生命的尽头。

日暮川 "暗夜骑士"

　　"暗夜骑士"是一种居住在日暮川山间洞穴中的大型蝴蝶，它的翅膀是黑色和咖色的，给人一种神秘的感觉。这种蝴蝶的翅膀已经进化到可以与它生活的黑暗、阴暗的环境相融合。而在黑暗的夜晚，这些翅膀也能散发出柔和的蓝光，这些淡淡的荧光照亮它周围的环境。

这种光也是一种吸引配偶或在黑暗中与其他物种交流的信号。蓝光也可以作为一种防御机制，警告捕食者该蝴蝶是有毒的或危险的。

"暗夜骑士"是一种大型蝴蝶，翅展可达10厘米，这使它在黑暗中很容易被发现，尤其是在它发出蓝光的时候。它是一种夜行性生物，喜欢生活在黑暗、阴暗的环境中，如森林、洞穴和其他光线极弱的地方。它以花蜜为食，与其他蝶种很相似。然而，它的食物也包括在黑暗、阴暗的环境中发现的其他营养来源，如真菌或腐烂的木材。◇◇◇◇

附记录

"暗夜骑士"的寿命是未知的，但据传它能活上几年之久，比许多其他蝶种长得多。它的名字是一百多年前由安托尼亚人取的，当时安托尼亚与日暮川发生冲突，大量的安托尼亚人驻扎在日暮川地区，他们最先发现了这一蝶种并将其命名为"暗夜骑士"。

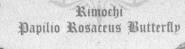

日暮川千媚蝶

　　千媚蝶是日暮川的一种大型蝴蝶，它的翅展约为10厘米，翅膀主要呈现一种美丽的粉红色，也有灰色的斑纹，以及靠近顶端的一些小白点。粉红色的颜色在蝴蝶中并不常见，但在日暮川的樱色环境中，它可以提供一种伪装。翅膀上的灰色斑纹可以弱化蝴蝶的轮廓感，使捕食者更难在树叶中发现它。

除了翅膀上的图案外，千媚蝶还有其他的适应性，帮助它在环境中生存。例如，这种蝴蝶有一个长长的探针，用来吸食花朵的花蜜。这种适应性使蝴蝶能够深入花中获取花蜜，而其他昆虫可能无法获得这种花蜜。千媚蝶还能在相对较高的高度飞行，离地面最高达几百米。

附记录

千媚蝶是日暮川一种比较常见的蝴蝶，深得人们的喜爱，广泛分布于整个地区，它的形象也在日暮川深入人心。

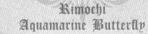

附记录

兰织蝶对自然环境的要求很高，只有在森林繁茂的地方才会出现。在日暮川的传说中，兰织蝶扇动翅膀的声音是森林女神为自然写泣的声音，可惜一只弱小的蝴蝶扇动翅膀的声音，人类几乎不可闻。

日暮川兰织蝶

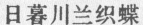

　　兰织蝶栖居在日暮川的森林之中，它的身体很纤细，覆盖着细毛，有细而长的触角。它在飞行时，翅膀会发出细小柔和的沙沙声来警告一些天敌，同时吸引同类。

Rimochi
Lumina Butterfly

附记录 ⋰

露明娜蝶的翅膀在阳光下
能像星尘一样闪闪发光。
据日暮川民间传说，它翅

膀上的粉末具有安神和静
心的功效。

日暮川露明娜蝶

露明娜蝶是日暮川的一种大型蝴蝶，翅展有 8 厘米，它的
翅膀上有柔和、空灵的光辉。它们居住在僻静的草地和宁静的
林地，露明娜蝶是纯洁、优雅和光明的象征，日暮川的民间传
说中常常把露明娜蝶描述成代表希望和梦想的守护者。

日暮川钻尾蝶

　　钻尾蝶是日暮川地区的一种特殊的小型蝶种，是自然界有名的"蝶二代"，即它的母体诞下卵后即刻死亡，后代仅靠着母体留下的营养便能安静顺遂地度过童年期，进入预蛹阶段。这一切都要得益于钻尾蝶尾部尖端的一颗营养囊，它的长度几乎是钻尾蝶身长的一半。

当它躲避天敌顺利地破蛹而出以后，接下来的一生，约在 14 个恒星日的时间内便要片刻不停歇地采蜜，为自己的下一代储存能量直到生命尽头。被钻尾蝶幼虫啃食过的营养囊也会经过自然和时间的作用，呈现出天然矿石的质感，虽然硬度较小，但胜在颜色璀璨夺目，如蓝宝石般深邃闪耀。

附记录

钻尾蝶的营养囊不仅可以供养后代，还可以在数百年的沉淀下变成天然的有机宝石，在日暮川中部河床的矿砂中淘出，再经过加工，可以具备和名贵蓝宝石一样的价值。

◇◇◇◇◇

日暮川伶尾蝶

　　伶尾蝶是日暮川地区的一种粉紫色的蝴蝶，其翅膀呈现柔和的粉紫色，伶尾蝶的身体轻盈柔软，覆盖着细腻的鳞片，每一片都如同微小的宝石般璀璨。这些鳞片在阳光的折射下，散发着微弱的光辉。伶尾蝶尾巴的长羽毛呈现出丝绸般的质感，触感极为细腻。

这不仅是一种美丽的附加物，更是在飞行中发挥着平衡作用的重要工具，在飞翔的时候，伶尾蝶的尾巴在空中舞动，被民间传颂为精灵的舞蹈。它们以花蜜为食，喜欢停留在各色花朵上，触角敏锐而灵活，它们通过触角感知花香，精准地找寻到花蜜的源头。这也使得它们在茂密的花海中游刃有余，轻盈地穿梭于花瓣间。

附记录

伶尾蝶在日暮川是爱与美的象征，常常出现在诗人的诗篇中。据说，伶尾蝶的羽翼散发的一种细致入微的淡淡的花香，能够抚慰陷入忧愁的心灵。

日暮川曦瑶蝶

　　曦瑶蝶是日暮川的一种小型蝴蝶，其翅膀上有黑色和粉色相间的斑纹。它们的栖息地隐藏在日暮川南部森林的深处，那里终年盛开着稀有且硕大的鲜花，空气中弥漫着迷人的甜香，远离人烟。

曦瑶蝶是一种夜行生物，在月光银辉的照耀下，会尤其充满活力，白天的大部分时间它都在休眠，躲在某一棵硕大的树根下，双翅合拢，像一片偶然掉落的花瓣。

◇◇◇◇◇

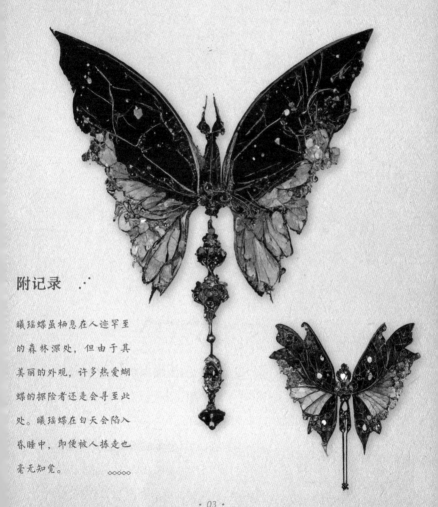

附记录

曦瑶蝶虽栖息在人迹罕至的森林深处，但由于其美丽的外观，许多热爱蝴蝶的探险者还是会寻至此处。曦瑶蝶在白天会陷入昏睡中，即便被人拣走也毫无知觉。

◇◇◇◇◇

Rimochi
Emerald Pink Butterfly

附记录

荷茹蝶一生都围绕着水边度过，
在夏季的池塘中纷飞着，这是

许多人关于夏天和童年的记忆。

日暮川荷茹蝶

　　荷茹蝶是栖居在日暮川的一种小型蝶种。它们在整个幼虫期都是在水下度过的直到进入预蛹期。它们的蛹呈白色，会浮于水上，在初夏，水面上常会出现连成一片的白色絮状物，如棉花浮在水中。在度过约 18 个恒星日的结蛹期后，它们就会破蛹而出，飞离水面。荷茹蝶的翅膀呈粉色和绿色，单片翅膀的翅长大约有 5 厘米，主要采食水上花朵的花蜜。在繁殖期，雌蝶会将卵产于水生植物的叶片之上。

Rimochi
Celestial Frostwing Butterfly

附记录

蓝霜蝶飞行时轻盈优雅，所到之处无不散发着平
静与安详的气息。

日暮川蓝霜蝶

　　蓝霜蝶栖居在日暮川，它的翅展约为 6 厘米，是一种中型
蝴蝶，它全身散发着灰蓝色的光泽，好像夏日雨后广袤天空的
色彩。而当蓝霜蝶在空中飞舞时，它的下翅边缘会染上一层白
色，好像挂上了一层霜。当它停歇时，其又重新变为灰蓝色。

Rimochi
Pink Fairy Butterfly

附记录

灵魅蝶主要存在于日暮川茂盛的森林环境中，它以各种开花植物的花蜜为食。

它长长的、盘绕的探针使它能够深入花卉中，提取其生存所需的细蜜养料。

日暮川灵魅蝶

　　灵魅蝶是日暮川的一种小型蝴蝶，平均翅展为 4 厘米至 6 厘米。它有细长的腹部，身体上有着细碎的毛发，有助于飞行。它的鳞片是半透明的晶体结构，可以折射和反射光线。灵魅蝶的外在颜色主要是作为一种伪装，与周围的色调完美地融合在一起。这种能力有助于保护灵魅蝶免受潜在的捕食者的伤害。

Rimochi
Violeta Butterfly

附记录

罗莎蝶是日暮川一种常见的活
泼的蝴蝶,它们与人类的关系

也十分亲近,在居民区经常
随处可见它们的身影。

日暮川罗莎蝶

　　罗莎蝶的翅膀呈鲜艳的紫罗兰色,身体娇小而纤细。触角
从它的头部延伸出来,不断地抽动以探索周围的环境。罗莎蝶
的个性与它可爱的外表相符。它在动物中是非常友好和俏皮的,
经常用它的翅膀轻轻扇动接近它的其他生物。

日暮川福依蝶

福依蝶的翅膀呈深浅不一的紫色，它们体形不大，飞行能力有明显的局限性。它们通常倾向于在低空飞行，很少飞离地面。福依蝶生活在日暮川的海岛边，经常可以看到它们在白沙上休息，紫色的翅膀上沾染着白色的沙尘，如一层裙边。

福依蝶的生命很短暂，只有几天的时间，稍纵即逝。

◇◇◇◇◇◇

附记录 ⋰

据日暮川民间记载，福依蝶诞生于日暮川一片紫色的海域——福依海，福依海是唯一一处可以吞噬神明的海域，如果神明想要结束自己不灭的生命，就投身此处，化成泡沫，而福依蝶就是神明陨灭时的泡沫所化成的蝶。

◇◇◇◇◇◇

日暮川舒灵蝶

　　舒灵蝶是日暮川居民区常见的一种杂食性蝴蝶，翅展在3厘米至4厘米。舒灵蝶的幼虫呈软糯的白玉兰色，寄生在一些灌木植物中，它们会在春末进入预蛹期，自挂于枝头结蛹。舒灵蝶成蝶后自带一股甜香，这种香味会在繁殖期变得愈加浓烈。

　　它们通过这种香味来吸引一些小型昆虫，如果蝇等，然后其双翅叠起，等待猎物的靠近，鲜亮的颜色如成熟甜美的水果一般引诱着这些小虫。不过舒灵蝶也会采食花蜜，但似乎并不是为了进食，它们对于花朵有严格的选择，通过自身的腺体去处理这些花香，它们是大自然天然的"制香师"。

附记录

　　舒灵蝶所散发的香味不仅让小型昆虫无法抗拒，连人类也十分着迷。当一大群舒灵蝶靠近时，整片空气都会笼罩着一股温热的熟果香味，这种香味还带有蜂蜜的味道，夹杂着刚采摘的花的柔和香气。人们一直想保存这种香味，但一旦舒灵蝶被捕捉或者死亡，它的香味就会立马消失，只有在自然中飞舞的时候，舒灵蝶才会散发出那种令人愉悦的味道。它的这种特性也引发了许多诗人的歌颂，人们说舒灵蝶是这样一种代表：只有我是自由的，我的灵魂才有馨香。

日暮川紫霜蝶

　　紫霜蝶在日暮川诸岛都有分布，是一种常见于春夏时节的小型蝴蝶，翅展能达到 4 厘米。它们通常两只结伴出行，紫色的翅膀上有泛白的鳞片，故得名紫霜。紫霜蝶的前翅偏大，后翅逐渐收缩，翅膀的底部像一片收缩的叶子，末端藏着拥有感知能力的触觉神经。

附记录

紫霜蝶在日暮川分布广泛，历史悠久，也有一些居民会养殖这种蝴蝶。日暮川是为数不多的会将昆虫养殖也列入重要经济资产的国家，这里的蝴蝶养殖技术十分发达。不管是在野外还是家中，紫霜蝶都比较常见。

✧✧✧✧✧

紫霜蝶在破茧成蝶后就会迅速开始寻找伴侣，一雄一雌结伴出行，度过春夏时节，雌蝶会寻找合适的寄主植物产卵。

附记录

蓝息蝶的翅膀闪烁着蓝色光芒，如夏日清澈的天空。日暮川的居民认为这种蝴蝶传

递的是夏日天空的讯息，因此给它赐予别名"夏之翼"。

日暮川"夏之翼"

学名：日暮川蓝息蝶

　　日暮川蓝息蝶的生命周期大约为一年，其大部分时间是在成虫阶段度过的。它们通常在清晨和黄昏时分十分活跃，在白天的大多数时间会停留在植物上休息。蓝息蝶不会进行长距离的迁徙，但会在日暮川的不同地区进行短途的迁徙，以寻找适宜的食物和繁殖地点。

Rimochi
Rouge Wing Butterfly

附记录 ⸫

嫣若蝶是日暮川收藏者比较喜
爱的蝶种，从其翅膀上可以提

取虫荧粉，这种荧粉被用在许
多精美的工艺品上，远销各国。

日暮川嫣若蝶

　　嫣若蝶长着鲜艳的红色翅膀，翅展约为 8 厘米，在阳光下
还泛着紫色的微光。嫣若蝶的幼虫寄居在羊漆木的根部，经历
两周左右的时间便可以长大。化蝶后，其翅膀上有淡淡的荧光
痕迹，在黑夜中，斑斓的图案会发出光芒。

日暮川赤渊蝶

生活在日暮川的赤渊蝶喜群居，拥有着宝石般艳丽的双翅，翅展可达 12 厘米，其上的鳞状物饱满，翅体厚实。它们成年后，尾部会凝结出赤红色的鳞石，这也是它们展现自身魅力的利器，常被用于择偶。它们常年生活在无光区域，即便相隔数里，只要有星坠草点燃后的火光，它们都会立刻从穴洞或地巢中成群出发。

附记录

河岸边的居民迎风点燃星坠草，它们便会寻光而来，伴着星坠草随风而飞，围绕燃烧着的星火起舞，在星火即将落入河水时，它们用翅膀轻轻将其托住放回岸边。许多探险者会从远处慕名而来，在此"朝圣"。

当在午夜的溪边遇见零星的它们时，大概率是遇到了贪玩的幼年赤渊蝶，它们没能跟着大部队"返航"。这个时候只需要在河岸边找到星坠草，点燃一根，耐心等待片刻，就会有同伴带它们回家。

Qingling
Voracious Cyan Butterfly

青陵川蓝守蝶

　　蓝守蝶是栖居在青陵川北部的一种蝴蝶，其领地意识很强，终其一生都在守护自己的家园。这种蝴蝶有一对蓝色、灰色和白色相间的翅膀，颜色鲜艳，翅展约为10厘米。它喜欢捕食昆虫，有一个细长的探针，用来吸食昆虫的汁液。

蓝守蝶主要以小昆虫为食，如苍蝇、蚊子和蚂蚁等。

它会通过寻找吸引虫子的腐烂水果的气味来追踪食物。一旦找到合适的食物来源，蓝守蝶就会用它的探针刺穿虫子坚硬的外骨骼，吸出其内脏。

◇◇◇◇◇

附记录

蓝守蝶的领地意识极强，一般两只蓝守蝶组成一个小家庭，大部分时间都在自己的领地范围内巡逻捕猎。

◇◇◇◇◇

青陵川莲白蝶

　　莲白蝶是一种栖居在青陵川的白色蝴蝶，翅展约为4厘米。莲白蝶主要以荷花的花蜜和花粉为食，已经进化出专门的口器，使其能够从荷花的深层管状花中提取花蜜。莲白蝶的寿命为2周至3周，经历了从卵到毛虫再到蛹的完整蜕变历程。

雌蝶将卵产在荷花的叶子上，孵化出的毛虫以叶子为食，直到它们准备好化蛹。荷花的花蜜为蝴蝶的生长和繁殖提供了必要的能量和营养物质。莲白蝶还进化出了体温调节能力。作为一个昼伏夜出的物种，它喜爱在白天活动，依靠太阳辐射来温暖其身体以进行飞行。

附记录

青陵川的官宦人家会向农民大量收购这种蝴蝶，晒干后的蝶身会被拿去研磨入药，而蝶翅则会被收集起来作为茅房中的垫材，千斤的乳白色蝶翅填入其中，如厕时轻盈而优雅，甚至有隐隐的莲花的清香。人们唤此为"蝶羽池"，这是青陵川独有的奢侈与风雅。

青陵川沧浪蝶

　　沧浪蝶是一种栖居在青陵川南方海边的大型蝶种，已经进化出独特的适应能力，可以在海上生活。沧浪蝶的翅展可达18厘米。它的翅膀主要呈白色和蓝色，蓝色在日光下变得特别强烈，类似于海浪的颜色。沧浪蝶能利用洋流在海上进行远距离的旅行，如海鸟一般。

沧浪蝶阔大的翅展能够让它在水面上滑行，其翅膀还进化出了防水物质，可以令其无惧激起的浪花。优越的平衡力让它即使在恶劣的条件下也能保持漂浮状态。沧浪蝶体内还有一个高效的循环系统，使它能够从空气和水中提取氧气，从而在海面上停留很长一段时间。沧浪蝶可以在飞行中交配，雄蝶通过精心的求偶表演来争夺雌蝶的注意力。雌蝶会在海上的漂浮物或其他结构上产卵，发育中的幼虫以藻类和其他微生物为食。

◇◇◇◇◇ 附记录 ◇◇◇◇◇

最为神奇的是，沧浪蝶在每年的春末会有一次规模性的投海行为，主动结束自己的生命，它们脆弱的薄羽散落在海浪中，漂泊着，最终被冲刷上岸，堆积出一条细长的蓝白色海岸线，无数人在此驻足停留。至于沧浪蝶为何会以这样一种方式告别这个世界，至今无人知晓，也无人在意，人们只知道它们足够美丽，足够悲情。

鲸山岛海鳞蝶

　　海鳞蝶主要栖居在鲸山岛海边的礁石之上，白天蛰伏不出。它们的翅展约为 8 厘米，翅膀上有蓝灰色的混合鳞片。它们的前翅较尖，后翅宽而圆，能够轻易地穿梭于水面并平稳地滑行。它们并不像其他蝴蝶那样从花中吸饮花蜜，而是自身演变出了长长的针状探针，用来捕捉和刺穿在水面附近游泳的小鱼的皮肤。

一旦它们的探针牢牢地附着在鱼身上，海鳞蝶就可以吸干鱼的体液来维持生计。海鳞蝶的消化系统中还有一种特殊的酶，使其能够分解鱼的蛋白质并将其转化为能量。它们更喜欢捕食小鱼，如鲦鱼。海鳞蝶是一种独居动物，只在交配季节与其他海鳞蝶互动。在求偶过程中，海鳞蝶会表演一种复杂的舞蹈，它们会扇动翅膀，以同步的模式移动。然后，雄性海鳞蝶会向雌性海鳞蝶展示其腹部的一个特殊腺体，该腺体会分泌一种信息素，以示准备好了交配。

附记录

海鳞蝶大部分时间都在水源附近度过，人们着迷于它脆弱美丽的外形，有时候路过的孩子们会说水中的鱼儿长出了优雅的翅膀，他们笑着、喊着、说着鱼儿也能飞翔，其实，正是那美丽的翅膀一步一步带鱼儿走向死亡。

鲸山岛紫珊蝶

　　紫珊蝶是活跃在鲸山岛的一个大型蝶种，昼伏夜出。它的深紫颜色与黑暗的天空融为一体，是对夜间环境的一种适应。紫珊蝶的翅膀也比大多数蝴蝶的大，使它能够在低光照条件下更有效地飞行。它们以夜间开花的花朵的花蜜为食，如鲸山岛月见草。

紫珊蝶在弱光条件下也有很好的视力，这要归功于它的大复眼，使它能够轻松地在黑暗中航行。为了寻找配偶，紫珊蝶会释放出一种特殊的信息素，这种信息素只有在夜间才能探测到。雄蝶会被这种气味所吸引，并会寻找信息素的来源，最终将它们引向雌蝶。

附记录

紫珊蝶拥有独特的昼夜作息规律，它的内部时钟与昼夜周期同步。

青陵川穴粉翅蝶

　　穴粉翅蝶生活在青陵川北部黑暗的洞穴中。其翅膀主要呈粉色和灰色，其上覆盖着微小的鳞片，这些鳞片即使在洞穴中昏暗的光线下，也有淡淡的反光。它的翅膀相较一般蝴蝶的更加坚硬，使其能够在洞穴的密闭空间内更有效地飞行。

为了适应黑暗的环境，穴粉翅蝶进化出了一双敏感的大眼睛，能够探测到最轻微的光线痕迹。它还具有敏锐的嗅觉，用来寻找洞内产蜜的植物和其他食物来源。穴粉翅蝶是一个社会性物种，经常在洞穴中形成群落。它通过拍

打翅膀产生的一系列振动来与群落中的其他成员交流，这些振动可以被群落中其他蝴蝶的触角检测到。穴粉翅蝶不像大多数蝴蝶那样以花蜜为食，而是以洞壁上滴下的富含矿物质的水为食。

附记录

穴粉翅蝶在洞穴生态系统中发挥着重要作用，它是洞穴中生长的少数植物物种的授粉者，也是其他穴居生物的主要食物来源，如蝙蝠和蜘蛛等。

附记录

萝茵蝶是自然界中著名的呆萌小蝴蝶，有时候还在啜饮着花蜜，突然就瞌睡扎了，栽倒在草

丛中，幸好它绚丽的翅膀如落花般自然垂下，也不引人注目。

青陵川萝茵蝶

　　萝茵蝶是青陵川南方的一种小型蝴蝶，它们的外貌形态各异，总体呈现橙色和紫罗兰色。尽管其外表看起来很活泼，但萝茵蝶却以爱休息而闻名。喜欢张开翅膀睡觉，看上去就像一整片摊开的柔软花瓣。萝茵蝶已经适应了自身独特的生活方式，它的新陈代谢较慢，使它在睡觉时能够保存能量。

Qingling
Black Obsidian Butterfly

附记录

在深夜，借着月光，娑墨蝶不慎落下的荧绿色鳞粉随风而落，

落在月光下的玫瑰丛中，浪漫至极。

青陵川娑墨蝶

　　娑墨蝶是来自青陵川的夜行蝶种，在日间极其少见。求偶状态时的雄娑墨蝶会发出荧绿色的光泽，而雌蝶也会根据其光泽选择伴侣。这些光泽会让飞行速度极慢的它们在遇到敌人时快速逃脱。它们的食物较为单一，主要以黑栏玫瑰为食。黑栏玫瑰也是青陵川娑墨蝶最重要的色晶提取植物，进食越多，色晶的颜色饱和度越高，它们在夜间伪装的安全系数也会越高。

青陵川哀筝蝶

哀筝蝶是一种春夏生的蝴蝶，身长可达5厘米，可以自挂于枝头结蛹，其幼虫呈灰白色。它们的翅膀纯白如雪，轻盈地翔翔在空中，宛如飘逸的音符。哀筝蝶的翅膀上布满了微小的银色斑点，仿佛星星点缀在夜空。哀筝蝶最特别的地方在于它对音乐，尤其是琴筝的热爱。

每当有美妙的音乐响起，哀筝蝶便会降落，安静地停在乐人附近。有一种古老的传统，在诗会或音乐盛宴上，乐人会特意准备一支筝曲或琴曲，以表达对哀筝蝶的敬意。曲终，哀筝蝶便会展翅飞去。

◇◇◇◇

附记录

最早在《翁府闲评》的记载中写道，这种蝴蝶会在江边的游船乐人弹唱处聚集，它们尤其喜爱那种婉转凄清的歌声。哀筝蝶的故事在世代之间传颂，哀筝蝶也成了知音的象征。

◇◇◇◇

附记录

当燕清蝶在空中飞舞时，腺体会释放出一种微妙

的甜香，是青陵川的春天独有的味道。

青陵川燕清蝶

　　燕清蝶是青陵川的一种小型蝴蝶，翅膀上有经典的黑白花纹，它广泛分布于居民区，以各种花蜜为食。燕清蝶将卵产在特定寄主植物的叶子上，寄主植物多样，青陵川地区随处可见。毛虫孵化后，身上会出现美丽的黑白条纹，与成蝶的翅膀类似。随着毛虫的成长，它会不断散发出一种微妙的花香，这种香味是一种防御机制，能吓退潜在的捕食者。

Qingling
Zephyr Flame Butterfly

附记录

由于杜莲蝶的颜色显眼
且喜欢大量进食，民间
传说常常把它们描绘成
丰收和生育的象征。

青陵川杜莲蝶

　　杜莲蝶呈绿色和橙色，与其他蝴蝶相比，它的食量非常大，
需要汲取大量的能量以飞行很远的距离，探索广阔的领土。它
们的食物不仅限于花蜜和花粉，还会啜饮树干上的汁液和成熟
水果的甜汁，甚至偶尔会品尝动物腐烂的尸体。

青陵川清秋蝶

　　清秋蝶只短短在青陵川历史上存在了一两百年，但对于文人雅客而言却是一段不可忘却的历史。清秋蝶是只短暂存在于秋季的蝴蝶，生于青陵川北部，于繁华夏季落幕时诞生，在冷寂深秋中陨灭。它们的翅膀本身是透明的，但在白天光线的照射下，却如同披着金丝一般，显现着流金的光泽。

　　它们的身体小巧玲
珑，覆盖着柔软的绒毛，
这些绒毛有助于其保持
温暖和在飞行中保持平
衡。清秋蝶的触角细长，
非常敏感，用来感知周
围的气味和环境。它们
的口器是卷曲的吸管，
用于吸食花蜜，它们最
爱在桂花树上采食香甜

的花蜜，有时掉落下的细小的桂花挂在翅膀的绒毛上，它们也毫不在意地继续
旅行。清秋蝶的生命周期与桂花树息息相关，它们在桂花盛开时开始产卵。这
些蝶卵和桂花混合在一起，形成了一种独特的
香气。

◇◇◇◇

附记录

特殊酿制的桂花酒在当时是秋
日和家乡的象征，人们赏桂花、
品美酒，感受秋天的宁静与美
好。后来，许多人想要复刻这
一款传说中的清秋桂花酒，却
再也寻不到那一抹蝶迹，便总
也酿不出那一番滋味。

◇◇◇◇

Qingling
Butterfly of Tears

附记录

有人认为清泗蝶的水滴是天
使的眼泪，里面是至纯的天
地精华。也有人认为，这是

蝴蝶排出的毒素，凝结了人
间的苦难，会给人带来不幸。
众说纷纭，传说不断。

青陵川清泗蝶

　　清泗蝶是一种白色的蝴蝶，其翅膀纯白如雪，通体洁净无瑕。它的翅膀上常常覆盖着微小的水滴般的液体，仿佛晨露在翅膀上凝结成珠。这些水珠不仅赋予蝴蝶美丽的外表，还会落在花朵上，成为滋养花的营养物质。清泗蝶对水源有敏锐的感应，它们喜欢出现在河边、湖泊或瀑布附近。它们主要以花蜜为食，特别喜欢吸食白色或蓝色的花朵。

Qingling
Hydromica Butterfly

附记录

水云蝶对自然环境的要求很高，主要以清澈河水中的微小生物为食。它们喜欢在清晨和黄昏

时分出来觅食，远看好像细碎的云朵洒落在水边。

青陵川水云蝶

　　水云蝶身披雪白的羽翼，它们是生活在水域边的一种特殊的蝴蝶，主要分布在青陵川清澈的溪流、湖泊和瀑布附近。它的身长约 10 厘米，体态修长，翅膀展开时可达 8 厘米，柔软而轻盈，薄如蝉翼，透明度高，散发着微光。水云蝶的身体呈现出优美的曲线，头部小巧玲珑，眼睛大而明亮。它们的触角细长柔软，能够敏锐地感知周围的气息和动静，其身体覆盖着细密的白色毛发，看起来柔软可爱。

在青陵川南部的奎拉森林中，有一处隐藏在瀑布深处的被称为"金溪川"的奇幻之地，据说那里黄金遍地。据古籍记载，只在春秋时节，阳光洒在大瀑布时，金溪川才会显露出它神秘而璀璨的面容。在这特殊的时刻，一股浓郁的奇香弥漫四周，大片金蝶翩翩起舞，如仙境一般。

金溪川周围环绕着茂密的奎拉森林，高大的古老树木形成了一片绿意盎然的天幕，为金溪川带来了一种宁静而神秘的氛围。森林中弥漫着各种古老的植被，自古就是探险胜地。这里地势复杂，山峦起伏，阳光透过树梢洒在瀑布上，使得水流在阳光下熠熠生辉，呈现出金光闪烁的仙境景象。在奎拉森林中，生存着各种奇异的动植物，其中一些甚至被当地居民视为灵兽。春季和秋季时，阳光正好，金溪川显现最美好的景致。在这两个季节里，温暖而清新的空气伴随着微风，十分宜人。而在冬夏季节，这片土地则被冰雪或者翠绿的植被覆盖，呈现出不同的景致。

附记录

据《金溪川志引》所记，曾有冒险者在此处发现了一片奇异的景象。穿过瀑布，一株巨大的金色神树矗立其中，树下有一池清澈的潭水，大批金蝶围绕，蝶翅搅动池水，而树上的细碎花瓣也轻轻地在风中飘动。记载中也警告众人，若是沉迷于这片黄金之地，冒险者将陷入甜蜜的梦境，忘却自己的身份。据说无数淘金者慕名而来，却最终迷失其中，化为金蝶，永远飞舞于金溪川。

附记录

沐风蝶是青陵川比较常见的蝴蝶，并且生命力顽强，它们的踪影随处可见。

青陵川沐风蝶

青陵川沐风蝶是一种中型蝴蝶，翅展可达 6 厘米，翅膀本身是薄而半透明的，有一层薄薄的膜在复杂的脉络之间延伸，正是在这层膜中，浓缩了绿宝石般的色彩。沐风蝶拥有纤细的身体，上面覆盖着细如天鹅绒的鳞片，与它嫩绿色的翅膀相匹配。它的复眼大而多面，可以感知周围世界的复杂细节。

Qingling
Rubus Butterfly

附记录

天然的滟凌蝶的天敌众多，是许多鸟类和蜥蜴的最爱，因此其数量稀少。但人们已经开始大量地人工培育这种蝶，

包括种植它们最爱的琼紫花。用滟凌蝶做成的彩色脂粉已经是青陵川一种重要的经济产物，远销各国。

青陵川滟凌蝶

　　滟凌蝶是青陵川的一种小型蝴蝶，它的生命周期在两个月左右，常在春夏时节出没。幼虫寄生于腐木之中，七八天就会长成成蝶，翅展达 8 厘米。滟凌蝶最喜欢琼紫花，它们只采琼紫花的花蜜，所以这种蝴蝶主要分布在南方地区。滟凌蝶的翅膀研磨成粉后可以被制成彩色的粉脂，这是南方女孩十分喜欢的产品。

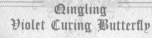

附记录

紫愈蝶的神奇能力被
青陵川的民间药师发
现后，它们的翅膀被

研磨成粉，制成了最
早的麻痹散，被广泛
地应用于治疗外伤。

青陵川紫愈蝶

　　紫愈蝶是生活在青陵川森林中的一种食腐性蝴蝶，它们翅膀上的鳞粉具有麻痹作用，它们会到处寻找森林中受伤的动物，为它们舔舐伤口、啄去腐肉，帮助其缓解阵痛，是森林中一种十分受欢迎的蝶种。

Aquazure
Butterfly of the Whale's Island

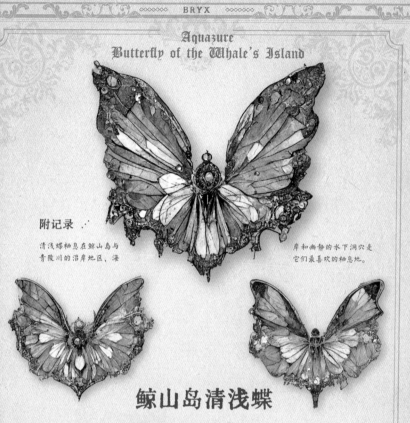

附记录

清浅蝶栖息在鲸山岛与
青陵川的沿岸地区，湶

岸和幽静的水下洞穴是
它们最喜欢的栖息地。

鲸山岛清浅蝶

　　清浅蝶是一种生活在海岛的蝴蝶，常年栖居在海岸边，拥有特殊的疏水翼面，可以潜入水下，它的翅膀就像鱼的鳍一样，能够帮助滑行。为了在水下环境中呼吸，清浅蝶的触角中隐藏了微小的鳃。这些鳃能从水中提取并溶解氧。潜入水底时，清浅蝶的翅膀会发出微弱的生物荧光，照亮它前进的道路，清浅蝶以各种水下植物为食，是鲸山岛水生生态系统中的重要角色。

贝安纳斯沸月蝶

　　沸月蝶是栖居在贝安纳斯的一种蝴蝶，与大多数以花蜜或花粉为食的蝴蝶不同，它们以肉食为生。沸月蝶拥有醒目的红色翅膀和锋利的像针一样的长舌，可以穿透猎物的肉体。它们能以惊人的速度飞行，在冲刺的瞬间用长舌刺穿毫无戒心的猎物。

它们甚至有能力发出一种声波，让小昆虫瞬间麻痹，从而更容易被抓住。沸月蝶的翅膀呈鲜明的红色，火红的颜色是对捕食者的警告，也是自身危险的象征。此外，它们的消化系统中有更高浓度的酶

和更大的肠道，以分解和提取肉类的营养。与大多数被动地以花为食的蝴蝶不同，沸月蝶需要主动寻找和捕捉猎物。它们通过低空飞行，利用其敏锐的视力来发现动静，或通过释放一些特殊气味来吸引潜在的受害者。一旦捕获了猎物，沸月蝶就需要将其固定下来，通过注射毒液或使用声波来使其晕眩。

附记录

沸月蝶虽然是一种凶残的肉食性蝴蝶，但也是许多两栖动物眼中比一般昆虫更美味的生物，其中贝安纳斯多摩古巨蜥就是其一大天敌。贝安纳斯的居民相信红色的月亮是恐怖和不祥的存在，人们将此蝶命名为沸月，也证明了它特殊的危险性和凶残本性。

贝安纳斯露西蝶

露西蝶是贝安纳斯一种很受欢迎的人工蝶种，是外形可人的小型蝴蝶，它的翅展大约有成人的大拇指那么长，尾部有精致的尾缀。它可以适应各种环境，最喜欢温暖和潮湿的气候，最喜欢有大量植物和水源的保温箱。

　　露西蝶以花蜜为食，可以在保温箱内给它提供一小碟糖水，让它保持充沛的精力和快乐。露西蝶是一种非常亲人的蝴蝶，喜欢和主人在一起。它的好奇心很强，会积极探索周围的环境，但它也喜欢栖息在人类的手指或肩膀上，沐浴着阳光。露西蝶在白天的时候比较安分，懒洋洋的，一到夜晚便会在保温箱中上下扑腾。它还有一个特征是能够通过翅膀的微妙运动与它的主人交流。高兴的时候，它会快速地扇动翅膀，而当它感到放松的时候，它会让翅膀轻轻地靠着自己的身体。如果感到饥饿或口渴，它会更急切地扇动翅膀，让主人知道是时候添加补给了。

附记录

　　露西蝶是一种易饲养且寿命很长的宠物蝶种，它不需要太大的空间，只要给它搭建一个舒适的保温箱，它就可以存活数年之久。"露西"是贝安纳斯一种常见的小女孩儿的名字，具有亲切活泼之意。

贝安纳斯粉帘蝶

　　粉帘蝶最显著的特征是其亮粉色的翅膀和翅膀上的白色条纹。它们广泛分布于威斯特娜地区和贝安纳斯地区，但最初是在贝安纳斯地区被系统地发现和记录的。粉帘蝶的翅展为 7 厘米至 10 厘米。粉帘蝶有六条腿，上面覆盖着细小的毛发，末端有锋利的爪子，可以抓紧物体的表面。

粉帘蝶的嘴是一个长而窄的探针，用来喝花的花蜜。它的探针在不使用时是盘起来的，长度可以达到自己身长的两倍。毛毛虫形态的粉帘蝶是绿色的，有黑色和白色的条纹，头上有一个小角状的突起。它以树叶为食，最终将形成一个蛹，蜕变成为一只蝴蝶。粉帘蝶喜欢温暖的气候，生活在贝安纳斯茂盛的树林和有大量花蜜的花园里。

附记录

粉帘蝶是一种社会性的蝴蝶，经常可以看到几个个体一起飞行。这种行为被称为"水帘"，即粉帘蝶会聚集在潮湿的土壤、泥浆或其他水源的周围，以获取矿物质和盐分。

贝安纳斯泽灵蝶

泽灵蝶是贝安纳斯一种喜爱栖息于水域边的小型蝶种，翅展在4厘米至5厘米，它的翅膀上侧是明亮的蓝色，而下侧是温暖而充满活力的橙色。泽灵蝶一天中的大部分时间都在郁郁葱葱的河岸上飞来飞去，在那里，它可以享用野花的花蜜。

当它不寻找食物的时候，喜欢沐浴在温暖的阳光下，或者在河床上光滑的石头上休息。泽灵蝶遵循着每天的生活规律，人们可以捕捉到它固定的活动轨迹。

◇◇◇◇◇

附记录

泽灵蝶会在早晨固定的时间出现在河岸边采蜜，直到傍晚离去，这种规律的行为成为贝安纳斯附近居民的天然时钟，"泽灵"在当地语言中意为"准时，规律"。

◇◇◇◇◇

贝安纳斯琴仙蝶

琴仙蝶是贝安纳斯的一种小型蝴蝶，常见于春夏时节的野外。它们通常拥有粉色和红色的渐变翅膀，翅展约为 5 厘米，结蛹期在 18 个恒星日左右。它们自幼虫期便有一个小而纤细的身体，如一条细细的银灰色琴弦，它们主要寄生于腐木之中，一直到预蛹期。

附记录 ∴

琴仙蝶之所以得此名是因为它尤其喜欢贝安纳斯的一种四弦琴，人们最早发现它一听到这种琴声，就会主动靠近人类，随着旋律而舞动，仿佛精通了乐理。据说野生的琴仙蝶对这种旋律的敏感度更强，因此很多本土乐师，甚至远道而来的异国友人在春夏时节都会相约在贝安纳斯的户外，以能否吸引到野生琴仙蝶作为评判自己演奏水平的标准。

即使琴仙蝶不是人工培育的蝶种，但它天性似乎就毫不惧人，经常和人类互动，甚至会主动落在人的手上。它的身体触觉很温和，平滑细腻，翅膀柔软而坚韧，在空中飞行时会呈现出多种优雅的姿态。

贝安纳斯静梓蝶

　　静梓蝶有超过 15 厘米的翅展，是贝安纳斯地区的一种超大型蝴蝶。它的主要特征就是行动缓慢，大部分时间双翅张开，趴在树干上休息。由于它的颜色十分瞩目，是鲜明的紫罗兰色，又拥有超大的体形，远远就能被看见。而它也没有任何拟态和与环境相融的保护色，在树干上尤为显眼。

但它浑身散发着一股令人难以忍受的气味，这是由于它的主要食物来源于森林里的一种臭梓树，它从幼年起便吸食这种树木的汁液，因此身上凝聚了一种腐尸的气味，让许多动物远远躲开，更不用说尝试攻击或食用它。在它刚刚破蛹时，是它腐尸气味最重的时候，甚至几十米外就能感知到这股气味。神奇的是，臭梓树本身并不具有这种特殊气味，是静梓蝶自身通过消化而产生出的独特气味。

附记录

虽然静梓蝶的气味令人难以忍受，但它本身的超大翅展和耀眼夺目的紫罗兰色还是吸引了一大批蝴蝶收藏家。捕捉它的难度并不高，因为大部分时间它都静静趴在臭梓树树干上，

但越靠近它，气味就越浓烈，如果没有做好保护措施，捕捉它的时候会有晕厥的风险，而且人们需要耗费大量的精力去特殊处理它的身体，把味道去除后才能收藏，因此它的标本价格一路水涨船高，是其他一般蝴蝶标本的十倍不止。

贝安纳斯青雪蝶

　　青雪蝶是生活在贝安纳斯的一种小型蝴蝶。它们常常活跃于春夏时节，幼虫为棕黑色的小虫，栖居于腐木之中。蝶蛹会自挂于枝头，呈灰褐色，经历了18个恒星日后，就能破蛹成蝶。青雪蝶的翅膀呈透明的蓝宝石色，散发着微光，颜色仿佛是天空的一部分。

它们的翅膀边缘装饰着微小的银色斑点，像星星般闪烁。它们的身体是细长而柔软的，呈现出深蓝色调，与翅膀形成悦目的对比。这种蝴蝶的触角非常敏锐，可以感知微风中的花香和植物的能量，并及时地做出反应。它们善于飞行，能够在日光和月光下展现出美丽的光彩。 ∞∞∞∞

附记录

青雪蝶的食物主要是青雪藤，这种藤的花只在贝安纳斯特定的幽静森林中绽放。在森林深处藤蔓缠绕的幽暗之处，看到这种蝴蝶的环绕飞舞，总是能给冒险者带来一种神性的治愈享受。 ∞∞∞∞

贝安纳斯依灵蝶

贝安纳斯的依灵蝶成蝶后通常会结对出现，它们是一种很长情的蝶种。自破蛹那一刻起，就会立马开始寻找配偶，有时候在翅膀还没有展开、没有正式飞行时，就会和附近的另一只依灵蝶锁定。它们其实并没有雌雄之分，只是一定要结伴出现，这种行为被贝安纳斯的学者称为"无性依附"。

它们会协作出行，一起采食花蜜和繁衍后代。虽然没有生理结构的区分，但它们还是会有一方作为产卵方，这一选择并没有规律可循，或者至今还未被人类研究出来。如果依灵蝶有一方因意外陨落，另一方虽不会主动了结生命，但也不会抛下伴侣，有的依灵蝶会用翅膀拖着另一方继续前行，有的则是在原地徘徊直至饥渴而死。

附记录

依灵蝶的"无性依附"行为和同伴死后绝不抛弃的做法令人触动，人们认为这是一种悲情的生物，常常用来意指那些宿命般的盲目爱情。它们的存在不仅在生物界意义重大，而且在文学史上具有重要的地位。

贝安纳斯粉蕊蝶

　　粉蕊蝶是贝安纳斯一种中等大小的蝴蝶，翅展约为 10 厘米。它的翅膀呈现出一种温柔的粉色调，仿佛是贝安纳斯春日花园中盛开的玫瑰。它的身体修长，呈细长形状，覆盖着柔软的绒毛，色调与翅膀相协调。触角轻盈而优雅，尖端微微上翘，可以敏感地感知四周的氛围。

粉蕊蝶主要以花蜜为食，喜欢各种花朵，尤其偏爱淡雅芬芳的花香。它的优雅舞姿使得它能够轻松地在花海中穿梭，采集香甜的花蜜。它主要栖息在温暖且有花草的环境中，例如花园、草地和花丛。

◇◇◇◇

附记录

夜幕降临时，粉蕊蝶的翅膀会轻微发光，散发出柔和的玫瑰色光辉。这种生物发光的特性不仅令它在夜间更加引人注目，还为它赋予了一种神秘的氛围感。

◇◇◇◇

失落花园是由贝安纳斯历史上最有权势的斯蒂尔奇家族所建造的，最早是斯蒂尔奇大公的私人领地，现已成为斯蒂尔艺术学院的公共花园。它的入口是一条曲径蜿蜒的白色细碎石子小路，穿过花海直到花园中心圆形的喷泉池处。池壁由天然盐晶所砌，表面镶嵌着精致的纹理，沧桑如大地的记忆，诉说着花园的历史。花园的一隅，有一座不算起眼但十分精巧的凉亭，亭顶上爬满了翠绿的藤蔓，年岁已久，藤蔓自然垂下，如一条天然的帷幔将这座花亭笼罩，常有恋人相会于此处，亭外只见影影绰绰的影子，为有情人增添了一份隐私和浪漫。在这里，贵族家族的成员常常举办雅致的音乐会和文学沙龙，他们享受着艺术和自然的完美交融，创造了那段时期贝安纳斯文学和艺术的高峰。

◇◇◇◇◇

附记录

失落花园的名字来自于贝安纳斯的一个古老神话，是传说中神明安置游荡的灵魂的地方。在贝安纳斯的文化中，艺术家和文学家的地位是非常之高的，他们死后灵魂不散，游荡在世间，寄托于蝴蝶和花朵之中。因此，失落花园中种植了大量贝安纳斯本地特产的浅色花朵，也栖居着许多蝶种，人们相信，这里集聚着最多的灵感和天才。后来，最高艺术学府斯蒂尔奇艺术学院也座落于此，这里成了大家碰撞思想、孕育璀璨文明的美丽花园。

◇◇◇◇◇

贝安纳斯颜玉蝶

颜玉蝶已经是一种濒危的蝶种，它的名称源于贝安纳斯的一种矿石——颜玉，这种石头闪烁着鲜艳的橙色和红色，是一种很受欢迎的珠宝原料。颜玉蝶有着同样耀眼的色彩，在它常出没的地方也能见到这种矿石的踪影，因此人们就用这种矿石的名字来纪念它。

附记录

据一些研究者所说，颜玉蝶的所在和颜玉矿可能有很强的关联性，虽然具体这种关联是什么，人们至今没有一个定数，但是近年来随着颜玉矿的大量开采，颜玉蝶的数量越来越少，甚至到了濒临灭绝的程度。曾有人想要人工培育这种蝴蝶，但也一直没有成功。

据说颜玉蝶不管飞到哪里，都会投射出宝石的光芒，尤其在黄昏时分，夕阳的照射下，更加瞩目。颜玉蝶并不参与花的授粉和传播，关于它的饮食，人们也没有太确切的研究，现在人们已经很少能在野外见到这种蝴蝶的身影了。

贝安纳斯玉罗蝶

　　玉罗蝶栖居于贝安纳斯南部地区，有鲜明的绿色翅膀，它们的翅展约为 6 厘米，是一种中等大小的蝴蝶。玉罗蝶是一种肉食性蝴蝶，以各种昆虫为食，包括蚊子、苍蝇和甲虫等。它们特别喜欢其他蝶种的毛虫。

玉罗蝶有一个长长的探针，它们用它来吸食猎物的汁液。玉罗蝶也是一种拥有出色的飞行技巧的蝶种。

它们可以在一个地方盘旋数十分钟，是一个熟练且有耐心的捕食者。 ◇◇◇◇

附记录

玉罗蝶经常出现在贝安纳斯郁郁葱葱的森林中，在那里，它们与周围的树叶完美融合。它们喜欢温暖潮湿的环境，那里的昆虫数量多，有大量的食物可以维持它们的生命。

◇◇◇◇

Antoinia
Leafy Orange Butterfly

安托尼亚叶橙蝶

　　叶橙蝶栖居在安托尼亚地区，翅展约为 8 厘米，是一种中型蝴蝶。它的颜色主要以橙色为主，翅膀上有一些红色和白色的标记。它具有安托尼亚常见的落叶乔木赤香树的拟态。当休息时，叶橙蝶会把它的翅膀折叠在一起，看起来像一片小小的、不显眼的赤香树叶子。

这种伪装有助于它与周围环境完美融合，让捕食者难以发现。叶橙蝶可以在安托尼亚的多种栖息地找到，包括森林、花园和公园等。它喜欢有大量植被的地方，在那里，它可以隐藏在树叶之间。叶橙蝶以花蜜为食。它有一个

长长的探针，用来吸食花朵中心的花蜜。它也是安托尼亚地区重要的授粉者。不过，尽管叶橙蝶善于伪装，但仍会被一些机敏的捕食者发现，如安托尼亚地区的鸟类和一些大体形的昆虫。

附记录

安托尼亚的许多树木的颜色都较为鲜艳，尤其是秋天时，景色如浓郁的油画一般，因此橙色的叶橙蝶更适宜在此处生存，藏匿于树木之间，若在别处，它艳丽的颜色远远就能被察觉。

安托尼亚夕山蝶

夕山蝶是安托尼亚的一种小型蝴蝶，是较为古老的蝶种之一。它从卵进入预蛹期，需要蛰伏两年之久，它大部分时间都生活在土壤里，幼虫也主要以土壤中的其他小型肉虫为食，直到进入预蛹期。成蝶后的夕山蝶只能存活三个恒星日，第一天破蛹而出时，它的翅膀是湿漉漉的、皱巴巴的，颜色主要由灰褐色变为亮黄色。

这一天，它大部分时间都在休息和晾晒翅膀，吸收阳光的温度，观察周围的环境。第二天，夕山蝶的翅膀便会发育完全，它会用尽力气飞行，啜饮花蜜，传播花粉，陶醉于自由的飞行，不肯停歇。到了第三天，夕山蝶的翅膀就已经破烂不堪，死亡的重量渐渐压在它的身上。当太阳在它生命的第三天开始落下时，夕山蝶会进行最后的飞行，最后降落在夕阳中。

附记录 ∴

关于夕山蝶没有太多的传说，它是一种悲情的蝴蝶，喜欢朝太阳的方向飞去，当哀歌奏起时，它已经悄然离去。

◇◇◇◇◇

安托尼亚青花蝶

  青花蝶栖居在安托尼亚的海岸线边，它的翅展可达 15 厘米，呈青蓝色，其上点缀着变幻丰富的图案。像许多其他蝴蝶一样，青花蝶主要以花蜜为食，它从各种不同的花中收集花蜜。比较独特的是，除花蜜外，它尤其喜爱一种安托尼亚乳草，这种植物含有被称为卡尔达粒的有毒化合物。

附记录 ⸫

青花蝶的形态十分绚丽，在两对翅膀之间，还有青灰色的长长的飘絮，飞行时随之摇摆。青花蝶样貌动人，得名"青花"，在安托尼亚地区深受人们的追捧和喜爱。作为比较热门的旅游大国，安托尼亚地区售卖许多关于青花蝶的收藏纪念品给外地游客们，比如青陵川的许多官宦家中就收藏着这种蝴蝶，证明他们曾游历四方。

◇◇◇◇◇◇

这种化合物对青花蝶无害，但对它们的捕食者来说则有轻微的毒性。青花蝶会定期摄入一些这种乳草的汁液来保护自己。◇◇◇◇◇◇

· 06 ·

安托尼亚蓝食虾蝶

　　蓝食虾蝶有清雅秀丽的蓝色翅膀，可以在安托尼亚纳阿迪亚岛屿上找到。它的翅展约为10厘米，夹杂着金丝一般的花纹，是一种大型肉食性蝴蝶。它的名字源于它特殊的饮食偏好，虽然大多数蝴蝶都以花蜜为食，但生活在小岛上的蓝食虾蝶却偏爱小虾。

它用细长的探针提取虾肉，一次最多能吃掉五只小虾。它还具有敏锐的嗅觉，帮助自己精准地定位海面上的小虾群。雌蝶在繁殖季节时会将自己的卵产于温暖的细沙中，经过一个月的孵化，小小的幼虫便会从沙中爬出。

◇◇◇◇◇

附记录 ∴

据说蓝食虾蝶的幼虫十分脆嫩可口，在沙滩上寻找浅浅的气孔，一铲子下去就能挖到一大家族。除了透明脆嫩的幼虫，卵也可以食用，不需额外的烹饪，吃起来带着淡淡的海盐味，可直接食用，有一股天然的鲜香。阿迪亚岛屿当地的居民并不多，但许多人会从远方专门来到这里，在海岸边尝一口新鲜的蓝食虾蝶幼虫。不过也有很多人接受不了这种奇异的美食。

附记录

宝螺蝶就像一个热爱珍宝的青族小姐，它们喜欢从盛开的花朵中汲取花蜜，吃饱喝足后去喜爱的宝石身边，用长鼻轻轻地敲打宝石的表面，沉浸在宝石的能量中。这种互动似乎为它们提供了一种营养，让它们焕发活力。

安托尼亚宝螺蝶

　　宝螺蝶是安托尼亚地区一种常见的宠物蝴蝶，它们对天然宝石有一种天生的向往。野生的宝螺蝶最早被发现就是因为它们能够搜索矿石，因而引起了人们的注意，宝石矿的附近常常聚集着几只宝螺蝶。后来人们发现宝螺蝶拥有温顺可爱的个性，十分适合驯养，经过几代的培养，它们现在已经变成了一种常见的宠物蝴蝶品种。它们经常轻巧地落在主人伸出的手上或肩上，让主人近距离欣赏它们的美丽。但宝螺蝶是一种娇贵的宠物，需要一个良好的环境才能茁壮成长。主人需要为它们打造一个开满鲜艳花朵且装饰有各种宝石的封闭式小花园。宝螺蝶有一种能与宝石互动的独特能力，宝石在它们面前仿佛有了生命。只需用宝螺蝶纤细的触角轻轻触碰宝石，就能暂时增强宝石的光彩，强化宝石的颜色。宝螺蝶的这种能力让所有宝石爱好者都惊叹不已。

Antoinia
Enchanted Cloud Butterfly

附记录

"云川"是青陵川一种白色
丝绸的名字，在安托尼亚地
区深受欢迎，由于寄居在海
鸟身上的云川蝶行踪不明，

当地人认为它是从远方而来
的一种蝶种，使用"云川"
来命名它。

安托尼亚云川蝶

　　云川蝶栖居在安托尼亚的海岛上，是一种小型蝴蝶。它们
的身体轻盈而柔软，翅膀如同细腻的白色丝绸一般，蝶身呈现
出晶莹的蓝色，如安托尼亚的海水一般。云川蝶并非寻常的飞
行者，它们大部分时间都寄居在安托尼亚随处可见的海鸟身上，
借助海鸟的力量在岛屿之间穿行，遇到合适的花田才会自行降
落，吃饱喝足后很快又会寻找下一只海鸟继续旅行。

安托尼亚醉水蝶

　　醉水蝶是一种中等大小的蝶种，翅展约为 6 厘米，以柔和的青色和灰色为主，就像暮色中被薄雾覆盖的湖泊，它的翅膀上灰色和淡蓝色交织而成的图案就像闪烁的水波纹。它最常被发现在宁静的水源附近优雅地飞舞，无论是波光粼粼的溪流、宁静的池塘，还是幽静的湖泊。

醉水蝶与水似乎有一种天生的联系，有人说它出现在水生环境附近并非偶然，它的翅膀有能力巧妙地操纵水分子，使其能够创造出像晨露一样闪闪发光的小水珠。人们说这些水珠既是醉水蝶的交流手段，又是它的养料来源，但并没有得到非常切实的科学验证。也有人说，这是它翅膀上的一种物质给人们造成的视觉错觉。

附记录

安托尼亚当地的居民相信醉水蝶有操纵水分子的能力，认为这是一种与神明的连接，它们是出现在水域边上的小精灵，守护着一方安宁。

安托尼亚青芮蝶

　　青芮蝶是栖居在安托尼亚的小型蝴蝶，它的身体主要分为三个部分：头部、胸部和腹部。它的头部包含青芮蝶的感觉器官——眼睛、触角和口器。胸部是翅膀和腿连接的地方，包含一些肌肉。腹部主要是它的生殖器官和消化系统。青芮蝶主要以花蜜为食，也能够从腐烂的水果中提取营养物质。

它们一般分布于安托尼亚的原始森林中，在居民区中可见少量。在幼虫时期，青芮蝶以其宿主植物青芮树的叶片为食，寄居在森林中青芮树树冠的不同层次直到预蛹期。青芮蝶会自挂于枝头结蛹，破蛹而出后，通体接近于青芮树的颜色，翅膀为狭长状，它的虫身占比很大，肥硕的腹部用于消化和储存营养。青芮蝶主要通过飞行姿态来吸引异性以繁殖后代，它们会在空中不停地转圈，以展示自己健硕的肌肉。

附记录

青芮蝶作为授粉者，在安托尼亚原始森林中青芮树等植物的繁殖中发挥着重要作用。它也是森林中鸟类和其他昆虫等捕食者的食物来源。但不幸的是，近来安托尼亚原始森林砍伐问题越发严重，青芮蝶赖以生存的青芮树数量急剧减少，人类活动造成的栖息地损失和破碎化，青芮蝶的生存受到了不小的威胁。

安托尼亚绿禾蝶

　　绿禾蝶栖居在安托尼亚地区，是一种中型蝴蝶。它们分布很广，在整片海岛随处可见。幼年的绿禾蝶呈灰褐色，身长为3厘米至5厘米，银白色的绒毛覆盖全身，但对人体无毒，可以触碰，主要用来震慑鸟类等天敌。

绿禾蝶的结蛹期一般在15个恒星日左右，破蛹而出后，它的翅膀会闪烁翠绿色的光芒，像上好的青陵川进口丝绸，翅膀每扇动一下都会闪烁着空灵的光，散发出舒缓的柔和氛围，照亮黄昏的天空。

附记录

安托尼亚是一个很重视信仰的地方，人们认为绿色代表着治愈和新生，绿禾蝶由于其尤其纯粹和夺目的绿色被安托尼亚的人们奉为一种能够治愈众生的小小神明。在新生儿接受洗礼时，神职人员会捉来绿禾蝶放在他的额间，代表神明的认可和祝福。

安托尼亚红素麟蝶

　　红素麟蝶是安托尼亚秋季时节常见的活跃蝶种之一，是一种肉食性中型蝴蝶。它的翅展为 7 厘米至 8 厘米，翅膀细长，能够轻松地在空中滑行。它的每根触角都含有数千个微小的感官感受器，能够探测环境中的化学物质和信息素，帮助寻找配偶和食物。雌蝶一般在一种名为红麟叶的植物背面产卵。

附记录 ∴

红素麟蝶是安托尼亚地区一种常见的红色蝴蝶，生命周期横跨整个秋天，也是当地人记忆中具有代表性的图腾和文化。一些农民和园丁已经开始将红素麟蝶引入他们的田地和花园，作为一种自然的防御害虫的手段。凭借其醒目的红色翅膀和令人印象深刻的狩猎技能，红素麟蝶已成为当地农民心中不可替代的重要存在。

◇◇◇◇◇

卵一旦孵化，毛虫就会以红麟叶为食，经过几周的发育、化蛹后成为成年蝴蝶。成年红素麟蝶主要以一些小型害虫为食，它们有着高超的捕食技巧，飞行速度很快，能够精准定位并快速锁定猎物。

◇◇◇◇◇

安托尼亚焰葵蝶

　　焰葵蝶主要栖居在安托尼亚地区，是一种小型蝶种。它的幼虫如金色的叶脉一般，具有很好的隐秘性，它们大部分时间会隐藏在海岛边植物宽大的叶片上以躲避天敌。预蛹期时，它的中心躯干会变粗，不同于幼年时的细长条状，身体会逐渐趋于圆形，如一朵金色的葵花。

约 16 个恒星日后，蝴蝶就会破蛹而出，它的翅展可以达到 5 厘米，蝶翅上布满了感光鳞粉，当太阳光充足时，蝴蝶的翅膀会如同被激活一般，发出火焰般的光芒。它的发光翅膀作为一种天然的防御机制，以其亮眼的光芒来阻止潜在的捕食者。璀璨的光芒用来警告他人，使其没有胃口，让攻击者望而却步。

附记录

焰蔡蝶的发光翅膀在它与其他同类的互动中起着关键作用。雄蝶的颜色会更加抢眼，在交配仪式上，雄蝶展示其发光的翅膀以吸引潜在的配偶。安托尼亚的文学作品中也常用"焰蔡蝶"来讥讽那种招摇浅薄的男性。

Bansal
Peachy Butterfly

班塞尔桃丽丝蝶

　　桃丽丝蝶栖居在班塞尔地区的平原和沙漠地带，对酸味食物有着独特的偏好。它们拥有粉蓝色的翅膀，羽翼轻而薄透，飞舞时翅膀下缘如飘动的花瓣。桃丽丝蝶喜欢柠檬和酸橙等柑橘类水果的刺激酸味。人们经常发现桃丽丝蝶栖息在一个多汁的柠檬上，用它长长的探针吸饮着酸汁。

附记录

桃丽丝蝶的名字源于班塞尔平原民间
的一位女性科学家桃丽丝，她最早发
现这种蝴蝶对酸性食物的喜爱，从这
种蝴蝶的体内提取出了一种特殊的酸
性物质，并将其广泛运用在各个领域。

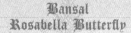

附记录

粉瑛蝶是栖居在班塞尔平原的一种常见的小型蝴蝶，它们活泼灵动，没有任何攻击性和危

险性，是孩童们最喜欢捕捉玩耍的蝶种之一。

班塞尔粉瑛蝶

粉瑛蝶有着两对对称的品红色翅膀和小巧的翠绿色椭圆形身体。春夏时节，还未变身为粉瑛蝶的绿色毛虫随处可见，它们肉肉的身体触感柔软，以各种植物的叶片为食，同时这些毛虫也是生活在班塞尔平原的鸟类的重要食物来源之一。

Bansal
Scarlet Inky Butterfly

附记录

尽管寿命长达一年，但火墨蝶每几天便会经历一个休眠的过程，类似于冬眠。在赤镰地区的天气特别炎热和干燥时，火墨蝶将进入休眠状态，保存它们的能量和体内的水分，直到环境条件变得对生存更有利。

班塞尔火墨蝶

　　火墨蝶是班塞尔赤镰地区的小型蝴蝶，其体色和赤镰地区的红沙、岩石融为一体，翅膀上覆盖着小鳞片，有助于防止水分因蒸发而流失。它的身体配备了专门的呼吸结构，能够保存水分。火墨蝶每天大部分时间都躲在岩石下或小缝隙中，避免烈日的照射。它们只在清晨或傍晚温度较低时才出来活动。它们将卵产在能够承受恶劣条件的沙漠植物上，以确保其后代能够生存。火墨蝶在沙尘暴期间会依靠强壮的翅膀低空飞行，在岩层或其他保护区域寻求庇护。它们还会紧闭翅膀，用鳞片作为屏障，保护自己免受沙子的磨损。

南安格尔澄日蝶

澄日蝶是一种在班塞尔地区南安格尔沙漠中发现的蝴蝶，主要特征是拥有明亮的橙色翅膀，且雄蝶的翅膀上有明显的蓝灰色纹路。澄日蝶能在极其严酷和干旱的条件下生存。为了适应环境，它的翅膀表面有一层厚厚的蜡质涂层，可以防止水分流失，它的身体上还覆盖着细小的毛发，有助于隔绝太阳的强烈热量。

澄日蝶主要在一天中较凉爽的时间段内活动，如黎明和黄昏。澄日蝶以沙漠中许多植物的汁液为食，只需几滴便可满足多日的能量需求。

◇◇◇◇◇◇

附记录

澄日蝶在南安格尔沙漠中十分常见，尤其是由冬转春时，它们是群居动物，成片的蝴蝶在地平线上飞舞时，仿佛旭日的光辉提前洒下，带给旅人无尽的希望。

◇◇◇◇◇◇

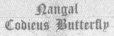

南安格尔织尤蝶

　　织尤蝶是栖居在班塞尔地区南安格尔绿洲的一种小型蝴蝶，翅展约为 8 厘米，翅膀是亮蓝色和红色的组合，顶部的蓝色是具有虹彩的，会根据光线照射角度的变化而改变颜色，折射出绚烂的光，而红色部分则是更接近天鹅绒般的哑光质感，从虫身延伸至尖端。

织尤蝶的幼虫是抢眼的红色，在沙漠中十分醒目，能够警告和震慑天敌，经过四五次蜕皮后，织尤蝶会成长为成熟的虫体，经过 25 个恒星日的蛹期，蜕变为蝴蝶。织尤蝶的鲜艳色彩是由它翅膀上专门的鳞片形成的，这些鳞片还起到保温作用，帮助蝴蝶调节体温，在较冷的环境中保持温暖。

附记录

"织尤"在当地语言中是温暖、平安之意。通常看到织尤蝶飞舞时，就证明此处离绿洲不远了。在沙漠中长途跋涉的旅人，远远看到这一只飞舞的醒目的蝴蝶就能重新燃起希望。

附记录

虹露蝶是班塞尔艺术家们的心头之好，无论是它的色彩还是飞行姿态，都给当地的画家、音乐家和表演家们提供了无尽的灵感。

可惜它们敏感且惧人，只有真正有耐心的追随者才能目睹它们优雅的身影。

南安格尔虹露蝶

虹露蝶是栖居在南安格尔沙漠中的蝴蝶，有着彩虹色的翅膀，在光线下呈现出万花筒般的感觉。它是一种脆弱的生物，需要小心对待。它们生性相当胆小，喜欢待在僻静的沙漠深处。虹露蝶在空中飞行的状态像芭蕾舞者般优雅，就像在为一种无形的歌而舞动。

Bansal
Red Quarts Butterfly

附记录 ⸫

被红英蝶啜饮过的果子会有小小的针眼，密密麻麻的，非常影响果实的美观，在出口时经常受到其他国家消费者的嫌弃，但只有班塞尔本地人才知道，红英蝶的嗜甜本性能让它挑选出最甜美的水果，本地人会刻意寻找这种有针眼的果子，称其为"红英果"。

班塞尔红英蝶

　　红英蝶是栖居在班塞尔平原上的一种小型蝶种，生命周期在 20 个恒星日左右。在幼虫时期，红英蝶就偏好各种腐果的香气，成蝶后更是嗜甜，爱食果汁。它的足迹遍布班塞尔各地，大部分的成熟蔬果旁都有它环绕的痕迹。

班塞尔金格蝶

　　金格蝶分布于班塞尔中部的沙漠地区，是一种当地独产的小型蝴蝶，它的幼虫虫身呈白色和褐色，是一种鸟屎的拟态。它通过皮肤分泌一种特殊的黏液，不仅能够与沙砾融为一体，还能吸收沙漠中微量的水分。

在沙漠的深层，幼虫掩埋自己，通过尖锐的顶针状器官刺穿沙土，巧妙地建立起地下藏身之所。这种行为不仅为它们提供了隐蔽之处，还能有效防御沙尘暴等自然灾害的袭击。金格蝶在预蛹期会变得肥硕壮大，全身无刺无毛，类似于皮革的质感，其身体表面也会呈现出一层细微的金属光泽。它于沙中结蛹，两周后化蝶，其翅膀上布满微小的凹槽，雄蝶的凹槽比雌蝶的更加明显，从侧面看能轻易地区分性征。

附记录

金格蝶翅膀上明显的凹槽如浮雕一般十分美丽，当地居民会深入沙漠寻找这种蝴蝶，取下它们的翅膀装饰家居。

班塞尔翠英蝶

翠英蝶栖居在班塞尔地区，是一种肉食性蝴蝶，翅膀上的绿色部分会在夜晚发出荧光。从幼虫开始，它们体内就会产生一种荧绿色的物质，几乎不发光。在预蛹期时，除自身的蛹以外，它们还会结出带有粉色光泽的茧包裹在蛹之外，给自己双重防护，掩藏在树洞之中。

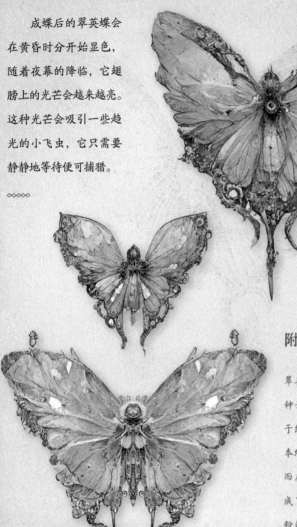

成蝶后的翠英蝶会在黄昏时分开始显色，随着夜幕的降临，它翅膀上的光芒会越来越亮。这种光芒会吸引一些趋光的小飞虫，它只需要静静地等待便可捕猎。

◇◇◇◇

附记录

翠英蝶的茧丝是班塞尔一种著名的名贵原料，但由于纺织技术有限，其实在本地并没有太受欢迎，反而在遥远的青陵川地区，成了富人们争相追捧的淡粉色料子。

◇◇◇◇

· 07 ·

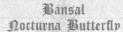

班塞尔野曦蝶

　　野曦蝶拥有浓郁的紫色翅膀，主要栖居在班塞尔的平原地区，在居民区中很常见。在夏天的下午，经常可以看到野曦蝶趴在白色的大理石墙面上休憩，好像天然的艺术装饰品。

野曦蝶翅膀上的紫色花纹有着精致交错的纹理，会根据光线变幻折射出复杂的光，这种发光图案都是独一无二的，就像指纹一样。雌蝶和雄蝶靠着这种光折射的图案来寻找伴侣，每只蝴蝶都有自己钟意的"图腾"。

附记录

野曦蝶这种靠"图腾"择偶的方式一直为人们津津乐道，人们很难判断它们是如何选择另一半的，似乎是一种天然的吸引，每一只蝴蝶的图案都有一只对应的被它吸引的蝴蝶，好像冥冥之中被命运牵引着一般。

附记录

贝樱蝶是最早被引进班塞尔的蝶种，也是日暮川和班塞尔地区友好的象征，最早只育有几个地区培育这种蝴蝶，

很快这种模样讨喜的蝴蝶就受到了大家的认可和喜爱，开始被大规模地繁育起来。

班塞尔贝樱蝶

　　贝樱蝶是一种小型蝴蝶，是从日暮川引入的外来蝶种，深受班塞尔居民的喜爱。贝樱蝶的生命周期贯穿春夏，从幼虫到进入蛹期只有不到一周的时间。破茧后，它纤细的翅膀由柔和的粉红色过渡为深红色，细腻的纹路在翅膀上勾勒出复杂的痕迹，身体的边缘缀有细细的长摆尾，是它标志性的特征之一。

Bansal
Violettica Butterfly

附记录

紫璨蝶的繁殖期通常集中在沙
漠地区的春季，在人迹罕至的

沙漠地区，紫璨蝶享受着美
丽而又广阔的静谧天地。

班塞尔紫璨蝶

　　紫璨蝶是班塞尔地区的一种小型蝴蝶，身长约 5 厘米，翅膀上覆盖着一层紫色的鳞片，散发着微弱的光泽。它的前翅呈三角形，后翅则宽大而蓬松，犹如一条华丽的裙边。它们主要栖息在班塞尔干燥的沙漠地区，尤其偏爱那些植被稀少、岩石散布的区域。它们通常在沙漠中的岩石缝隙或者干燥的植物叶片上筑巢，以躲避日晒和风沙的侵蚀。

班塞尔洛伊蝶

　　洛伊蝶是班塞尔山谷中的一种小型蝴蝶，它的翅膀在白天的时候暗淡无光，在夜间却会发出星云般的光泽。它们栖居在山谷幽暗的洞穴之中，以洞穴中的小型蜉蝣为食。洛伊蝶的幼虫生活在水中，在一周内会长到 5 厘米左右，它们身上覆有浮毛，便于在水中游行。

附记录

在班塞尔平原流传的史诗传说中，洛伊是黑暗女神的意思，洛伊蝶是夜的精灵，幽暗洞穴中的舞者。

◇◇◇◇◇

约16个恒星日后，洛伊蝶就能破蛹而出，它们的蛹通常可以在靠近岸边的石缝中找到。洛伊蝶的翅展可以达到12厘米，刚破蛹时没有飞行能力，只能在地上匍匐前行。它们白天会像蝙蝠一样趴在洞穴上，到了夜间才出去觅食，翅膀上的星云光泽让它们在夜晚中如精灵般耀眼。

◇◇◇◇◇

威斯特娜娥菲蝶

　　娥菲蝶是威斯特娜常见的一种小型蝶种，翅展在5厘米至8厘米。它们的翅膀主要是明亮的黄色，边缘点缀着绿色，还有一系列深绿色的斑点，像眼睛一样。它们是群居蝶种，常常成群结队出行。飞行时，它们振翅快速而优雅，能够灵活地移动。

附记录 ⸫

娥菲蝶的卵有强烈的酸性气味，可以驱赶
天敌。有学者发现，这种酸性的物质对固
色有很强的作用，很多威斯特娜的染坊都
大量购置娥菲蝶的虫卵，将其碾碎后涂于
布料之上，布料的颜色会更加的鲜明艳丽
且持久。

◇◇◇◇◇

附记录

红穗蝶宽大而鲜艳的
翅膀是威斯特娜一种
重要的经济作物，这
种蝶翅被人们收集起

来，做成了标本和饰品，
天然而醒目的红色深受
人们的喜爱。

威斯特娜红穗蝶

红穗蝶是一种生活在威斯特娜的大型蝶种，有着鲜艳的大
红色翅膀，红穗蝶尤其喜爱一种叫哥伦布的野花，这种花也有
着鲜红的喇叭状花朵，与红穗蝶翅膀的颜色十分类似。

Westernal
Ruby Butterfly

附记录

在威斯特娜的传说中，霞珠蝶
被描述为激情和美的象征。人

们相信，在它面前，人们会产
生一种温暖和喜悦的感觉。

威斯特娜霞珠蝶

霞珠蝶是威斯特娜的一种小型蝴蝶，翅展在 4 厘米，它的
生命周期很短暂，通常不会超过一个月。霞珠蝶从幼虫期开始，
身上就有红色的光斑，成蝶后，翅膀上复杂的图案闪烁着珍贵
的宝石光芒，它的每只翅膀上都有半透明的脉络，似乎在模仿
完美切割的原石切面。

威斯特娜蓝棋蝶

　　蓝棋蝶是一种栖息在威斯特娜的小型蝶种，主要栖居在泉水的周围。它翅膀上的纹路就像水面上的涟漪。其生命周期开始于初春时节，毛虫是一种与泉水的颜色相仿的碧绿色，到预蛹期时，它们用纤细的丝线缠绕自己，在泉边低垂的柳树枝条间筑成吊床状的巢穴。

附记录 ⸫

秋季来临之际，蓝棋蝶开
始迁徙，它们前往温暖的地
区躲避即将到来的严寒。

◇◇◇◇◇

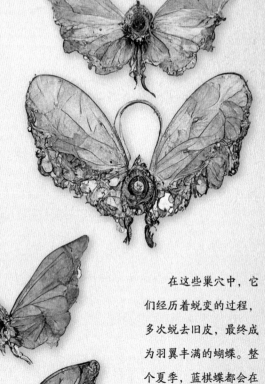

在这些巢穴中，它
们经历着蜕变的过程，
多次蜕去旧皮，最终成
为羽翼丰满的蝴蝶。整
个夏季，蓝棋蝶都会在
泉水边翩翩起舞，它们
的飞行特点是优美的回
旋和俯冲，经常成群结
队地聚集在水边。

◇◇◇◇◇

威斯特娜娇绫蝶

娇绫蝶常见于威斯特娜的朝春溪谷，它们喜欢整天在泉水周围飞来飞去，尽管外表娇小，但娇绫蝶的羽翼十分强劲，可以飞得很远，探索溪谷周围的广阔风景。娇绫蝶有一个细长的身体，头部有两个大的复眼，几乎可以同时看到四周的环境。

它们的触角能够感知
温度和湿度的变化，以及探
测信息素。娇绫蝶也是一种
社会性蝴蝶，它喜欢与泉水
周围的其他昆虫和生物为
伴。它们的幼虫生长于朝春
溪谷巨大的岩缝中，以其中
的微小生物为食，颜色呈黑
褐色，身长在 5 厘米左右，
经过 3 次蜕皮，身长可以达
到 8 厘米。娇绫蝶的蛹期在
18 个恒星日左右，交尾 3
天后而亡。　◇◇◇

附记录 ∴

娇绫蝶最喜欢温热的泉
水，会聚集在泉水边飞舞，
有时也会短暂地栖于水
面。若旅人在路途中偶遇
一只娇绫蝶，则代表泉水
就在不远处了。

◇◇◇

附记录

白幽蝶通常在晚上才
会偶尔飞入居民区，
白天时它们会远远避

开人类，因此人类视
角下的白幽蝶多为白
色，且行踪神秘。

威斯特娜白幽蝶

　　白幽蝶是威斯特娜的一种中型蝴蝶，翅展为6厘米至8厘米。它的翅膀只要接受到一点光照就会变为蓝色，光照越强，蓝色越深。在野外，白幽蝶主要以蓝色为主。

Westernal
Scentwing Butterfly

附记录

含香蝶的香气会在它飞行时持续地散发。每当含香蝶降临在花朵或森林时，它们就像是花园中的天然活动香薰。

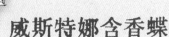

威斯特娜含香蝶

含香蝶的翅膀纯白如雪，是威斯特娜的"原住民"。它们的翅膀上覆盖着微小的珍珠色斑点，翅膀的边缘呈轻微的波浪状，飞翔时会呈现出优雅的舞姿。含香蝶的身体和翅膀会散发出特殊的香气，且每只散发的香气都略有不同，有的含香蝶散发出植物的清香，有的散发出烘焙食品的香甜，还有的散发的香气中带有柑橘或草药的味道。

威斯特娜地区　　Westernal Civilization

威斯特娜漓蕊蝶

　　漓蕊蝶是一种人工饲养的小型蝴蝶，其尾部有长长的尾缀，翅膀为橙色和绿色的混合色。漓蕊蝶只在历史上存在过一个短暂的时期，曾被小范围饲养，现已灭绝。

附记录

关于滴蕊蝶流传着这样一个传说：威斯特娜曾有一位阿芙洛小姐，喜欢着一身翡翠绿色的蝶翼戎装，自她出生便是家族中最受宠爱的小女儿。在阿芙洛的家族传统中，每个新生儿诞生后会依照生时的季节和时刻在蝶谱中找到对应的守护蝶，而阿芙洛出生时，其右肩便有着绿色的蝶翅状斑纹，与滴蕊蝶恰好呼应，

仿佛天选。父辈便将家族中繁衍历史悠久的滴蕊蝶赐于她作为她的专属守护蝶。滴蕊蝶的蝶身为稀少的橙绿配色，蝶尾修长，飞行姿态优雅灵动。在阿芙洛的手记中，这个朝夕相伴的守护蝶更像家人，滴蕊蝶特殊的长尾也出现在了阿芙洛的绣样中，常被绣于贴身的衣料上，但随着阿芙洛的离去，滴蕊蝶似乎也很快没了踪迹。

◇◇◇◇◇

· 08 ·

海安瑟鲁金幽蝶

　　海安瑟鲁地处威斯特娜的边缘地带，金幽蝶是独在此处生活的一种小型蝴蝶。它的翅膀被数以千计的细小鳞片所覆盖，身体相对较小，有六条小腿和两根触角，还有一个长鼻器和一根长而细的舌头，用来吸饮花的花蜜。金幽蝶的寿命相对较短，成年后只能活 10 个恒星日左右。

它们的身影在海安瑟鲁的沿海沙丘和高山草甸都有出现，食物主要是碧海花的花蜜。金幽蝶的幼虫以蓝花叶为食。它们最显著的特点就是破茧而出后翅膀会呈现出一种深沉而强烈的蓝色，边缘装饰着精致的金色花边。当它在空中飞舞时，金幽蝶的金色花边如同少女颈间柔软的金丝项链。它的翅膀捕捉到光线后便会立即反射出璀璨的金色光芒。

◇◇◇◇◇

附记录

海安瑟鲁的居民十分擅长制药，他们将金幽蝶的蝶翅拔下，用特殊的药水浸润，就可以完整地分离翅膀上的金丝脉络。这些"金丝"有很强的延展性，再经过一系列复杂的工艺，被制成用于民族服饰和工艺品的装饰品。

◇◇◇◇◇

海安瑟鲁亡灵蝶

亡灵蝶是海安瑟鲁地区常见的一种中型蝶种，由于它们吃的食物至今没有被研究出来，当地人认为这是一种古老的吞噬游荡亡魂的生物，带有很强的传说色彩和玄幻气息。亡灵蝶的翅展约为 10 厘米，它的翅膀是引人注目的蓝色和白色的混合色，只在月光下出没。

海安瑟鲁的人认为它不以花蜜或其他昆虫为食，而是寻找鬼魂作为其主要的养料来源。它可以用自己高度敏感的触角探测到鬼魂的存在，这些触角甚至能够捕捉到最微弱的超自然能量的痕迹。一旦亡灵蝶找到了一个鬼魂，它们就会用它那细长的探针像吸管一样吸走鬼魂的精华。亡魂被完全吞噬，不会留下任何关于它以前存

在的痕迹。尽管亡灵蝶的食物不寻常，但目前它对人类或其他动物没有威胁。它是一种和平的生物，只以死者的能量为食。事实上，海安瑟鲁的许多部落都认为它是一种圣洁而神秘的象征。亡灵蝶是一种罕见的、难以捉摸的生物，看到它的人很少。据传亡灵蝶居住在高山中偏远、隐秘的地方，如古老的森林和上古废墟中，在那里，现世和往生之间的界限如一层薄透的轻纱。 ◇◇◇◇◇

附记录 ⸫

在海安瑟鲁的传说中，亡灵蝶可以驱逐恶灵、净化不安的地方。在许多祭祀、敬神仪式中都有出现它的纹样和画像，是海安瑟鲁文化中重要的图腾之一。

◇◇◇◇◇

海安瑟鲁奥尼蝶

　　奥尼蝶拥有天鹅绒般的灰黑色翅膀，触感柔软。它们的翅展约为6厘米，是一种中型蝴蝶。玛瑙般的翅膀上有醒目的白斑，与黑色的翅膀形成美丽的对比，在任何环境中都很突出。它们有细长的触角，用来感知周围的环境和寻找食物来源。奥尼蝶是一种夜间生物，在晚上的时候最活跃。

它们主要以腐木和腐果为食，喜爱温暖干燥的环境，它们会被明亮的烛火吸引。在温暖的夜晚，你可能会瞥见它们钻入人类的房中，在烛火旁飞舞。

◇◇◇◇◇

附记录

奥尼蝶与人类十分亲近，不仅喜欢进入人们的家宅之中，即使被触碰或捕捉到，也不会大肆挣扎，反而会温驯地任人摆布，它享受着家宅中的温暖和与人类之间的互动。当然，海安瑟鲁的人民也不会随意伤害这个小家伙，大多数时候，只让它在烛火旁取暖，任由它纷飞的影子倒映在壁炉之上。

◇◇◇◇◇

附记录

海安瑟鲁晶伊蝶的寿命很长，因为这种特殊的体质，它们在生命的末期会不断尝试

自我终结，以求同伴和后代有更好的生存空间。

海安瑟鲁晶伊蝶

晶伊蝶通体呈粉色，最早发现它们是在漆黑的地底洞穴，在那里，只有黑暗，在它们振翅的时候，会发出清脆的撕裂声，粉色的蝶翅展开，群居的它们如同黑暗中无数双泛红的眼睛。它们的羽翼上长着密密麻麻的尖刺，锋利而坚硬，每双翅膀扇动时都可以将身边的岩石切割成两半，甚至连钢铁都能切碎。晶伊蝶用飞行轨迹与同伴沟通，是充满智慧的蝶种，闪烁的斑纹有着比任何语言更丰富的情感，它们拥有着最纯粹、最真挚的感情和智慧。晶伊蝶会对本族蝶种产生好感，会对同伴产生信赖，在与其他蝶种相遇时，它们往往会冷漠地离开。

Heyanserus
Elaeocarpus Butterfly

附记录 ∴

落珠蝶会在风雨来临的前一天，尾部凝结出深蓝色的珠子。如果偶然在当地森林中看到细碎的蓝色小珠子滚落在地，则代表着雷雨将至。

海安瑟鲁落珠蝶

　　落珠蝶拥有深邃的蓝色翅膀，主要栖息于幽深的森林和山谷之间。它们喜欢湿润而清凉的环境。落珠蝶通常是独居的，但它们也会在特定的时候聚集在一起，进行繁殖和交流。它们之间并不擅长沟通，而是通过飞舞和振翅来传递信息。

附记录

桃月蝶是威斯特娜常春地区独有的一种生物，整年都可以看到它们忙碌的身影。

威斯特娜桃月蝶

桃月蝶有着嫩粉色和橙色交织的翅膀，主要生活在威斯特娜地区的茂密森林和清澈溪流旁。它们以花蜜为主食，尤其喜欢吸食桃花、杏花和橙花等花朵中的甘甜花蜜。除了花蜜，它们也会吸食一些水果的汁液，如桃子、杏子和橙子等，因此身上散发着桃子等的清香。

Westernal
Boloria Butterfly

附记录 ⸴

碧罗蝶的身体扁平，死去时翅膀也会完全展
开。夏天结束的时候，人们常常会在花园里
捡到落在地上的碧罗蝶，他们小心地将它夹
在书页中珍藏起来，作为天然的纪念品。

威斯特娜碧罗蝶

　　碧罗蝶属于威斯特娜地区辉蝶科中的一员，是一种小型蝴
蝶，翅展为3厘米至5厘米。碧罗蝶的翅膀呈卵形，边缘呈波
浪状，它们喜欢栖息在开阔的草地和花园中，绿色的翅膀在植
被中具有良好的隐蔽性，难以被察觉。当它们休息或处于戒备
状态时会将双翅完全展开不动，身体僵直，就像一片叶片般，
它们利用这种"假死"行为来躲避天敌，保护自己。

Mapernio
Papilio rubrocyanus

玛佩尼奥青焰蝶

　　青焰蝶是栖居在玛佩尼奥的一种热带蝶种，它的翅展为 5 厘米至 6 厘米，雄蝶比雌蝶略小。翅膀上的红色和蓝色是由覆盖在其翅膀上的鳞片的结构特性造成的，遍布细碎的荧粉，可以折射光线。青焰蝶主要分布在热带和亚热带地区，以各种开花植物的花蜜为食。

它的首选食物来源包括兰塔卡梅
拉花、星茶花等。除了花蜜之外，青
焰蝶还以雨林中某些树木的汁液为
食，它用长长的探针提取液体。青焰
蝶的生命周期始于雌蝶在宿主植物的
叶子上产卵，最常见的就是在兰塔卡
梅拉花上，卵小而黄，会在几天内孵
化。一旦卵孵化，幼虫就会开始以宿
主植物的叶子为食。青焰蝶的幼虫是

绿色和黑色的，沿其身体有一排刺状突起，经过几次蜕皮，它们的长度可以达
到 4 厘米。经过几周的喂养和生长，幼虫会结成一个丝茧，青焰蝶的蛹是棕色
的，形状略微弯曲，类似于一个微型的香蕉。蛹的阶段大约持续两三周，之后，
成蝶从茧中出来。成年青焰蝶的雄性和雌性有不同的身体特征。雄蝶比雌蝶略
小，雄蝶后翅的尾巴较长。成蝶有醒目的红色和蓝色的翅膀，其上有深色斑点
和条纹图案。成蝶的寿命很短，通常只有几周，在此期间，它们交配并产卵，
开始孕育下一代。

附记录

青焰蝶浓郁鲜亮的颜色是雨林动物的典型
代表，雨林的生态结构复杂，物种丰富，
竞争激烈，许多动物都进化出了自己独有
的生存手段，青焰蝶对比度强烈的颜色就
是保护自己的有力武器。

玛佩尼奥玉魄蝶

  玉魄蝶是玛佩尼奥雨林中的一种中型蝴蝶，翅展约为 6 厘米至 8 厘米。它的翅膀是明亮的冰蓝色，带有白色的暗纹和反光的鳞片，翅膀下面呈暗淡的棕色，有一系列的眼点，帮助它在捕食者面前伪装。玉魄蝶是一种毒性很强的蝴蝶，是玛佩尼奥雨林中的致命物种之一。

它的身体和翅膀中含有一种强烈的神经毒素，当它受到威胁时便会释放出来。这种毒素对大多数动物及人类来说是非常致命的，可以在几分钟内造成瘫痪和死亡。玉魄蝶可以在玛佩尼奥的热带雨林深处和潮湿的泥潭附近找到。在毛虫阶段，玉魄蝶就会刻意寻找提供生产自身毒素所需化合物的有毒植物。它产生的毒素是一种神经毒素，针对其猎物的神经系统，

作用是阻断神经冲动的传递，导致麻痹和死亡。研究者还不是很清楚这种毒素的确切成分，但据说它是几种不同化合物的复杂混合物。其实，玉魄蝶对自己的毒素也没有免疫力，但它已经在体内进化出了一系列专门的结构，使它能够安全地储存和封存毒素。这些结构包括专门的腺体和其他组织，能够结合和中和毒素，防止毒素伤害到蝴蝶本身。

附记录

玉魄蝶的毒性极强，通过细长的口器释放毒素，但每一次释放这些毒素也是对自身极大的损害，甚至有些玉魄蝶释放过一次毒素后便会虚弱致死，因此它们从不主动招惹事端，大多数时候都只是轻轻飞走，是出了名的"好脾气"。

玛佩尼奥蓝尾翼蝶

　　蓝尾翼蝶是一种栖居在玛佩尼奥雨林中的热带蝴蝶，拥有鲜艳的蓝色翅膀。这种蝴蝶独有的特征是它的长尾巴，它的尾巴细而飘逸，延伸到翅膀的边缘之外。蓝尾翼蝶的长尾巴实际上是由拉长的羽毛组成的，比它身体其他部分的蓝色更亮。

这条尾巴有多种用途，包括吸引潜在的伴侣、帮助其在飞行过程中保持平衡，甚至作为一种防御形式来对付捕食者。雄蝶在交配季节时会表演令人眼花缭乱的空中舞蹈，甩动它们的长尾巴，展示它们明

亮的蓝色，以吸引雌蝶的注意。雌蝶的外表通常比较低调，蓝色较淡，尾翼较短。一旦交配后，雌蝶会将卵产在叶子的背面，几天后就会孵化出小毛虫。毛虫的形态和成虫的形态几乎一样，它们的身体上有鲜艳的蓝色和黑色条纹。它们以特定植物的叶子为食，如玛佩尼奥蓝铃木，它们的蛹呈现一种淡绿色，与周围的叶子融为一体。

附记录

蓝尾翼蝶只存在于玛佩尼奥最深处的雨林之中，那里有它喜欢的栖息条件。它是当地蝴蝶爱好者的心头之好，被认为是美丽和优雅的象征。

罗莎琳蝶是一种当地较为常见
的蝴蝶，平时与居民的关系往
来也十分亲近，在当地的许多

关于风俗民情的记载中都可
以看到它的身影。

玛佩尼奥罗莎琳蝶

　　罗莎琳蝶广泛分布在玛佩尼奥的森林中，翅展约为6厘米，它大部分时间都在花间飞舞，啜饮花蜜，并寻找完美的产卵地点。罗莎琳蝶在识别和选择最佳植物方面有很高超的技巧，它知道哪些植物可以为它的毛虫提供最滋养的叶子、哪些植物可以提供最好的保护以使其免受捕食者的伤害。

Mapernio
Serene Butterfly

附记录

蓝幽蝶的身体中含有一种特殊的受光物质，在飞舞的过程中会释放出柔和的蓝色光芒。

这种光芒并不刺眼，却足以照亮洞穴中的环境，为探险者们提供足够的光线来引导他们前进。

玛佩尼奥蓝幽蝶

蓝幽蝶主要栖居在玛佩尼奥的绿色晶洞之中，通常为群居生活。它们之间会通过轻柔的振动和特殊的气味来进行沟通，以协调行动和共同照料幼虫。蓝幽蝶主要以洞穴中悬挂的霉菌和腐殖物为食，同时也会吸食悬浮在洞穴中的微生物。它们通过吸收这些食物中的养分来维持生命活动。

玛佩尼奥黑魈蝶

在玛佩尼奥茂密的雨林深处，栖居着一种黑蝴蝶，它的翅膀像夜空一样黑，身上的斑点发出暗光，像星星一样。黑魈蝶是一种孤独的生物，很少被森林中的其他动物看到。它的翅膀有一个人的手掌那么宽，但它在树林中移动得非常迅速，很难被追踪。

它拥有敏锐的意识，总是在提防着危险的靠近。它的翅膀强而有力，使它能够轻松地在树梢上翱翔。黑魈蝶还会发出一种低沉的嗡嗡声，人耳几乎听不到，但其他动物却能从很远的地方听见。嗡嗡声是一种只有黑魈蝶知道的语言形式，用来警告其他蝴蝶即将发生的危险，或发出发现食物的信号。在雨季，它们将撤退到森林深处的一个隐蔽的山洞里，在那里等待暴风雨的到来。当太阳重新升起时，它们将再次出现。

附记录

黑魈蝶是一种隐秘而低调的蝶种，它不需要向谁来彰显它的锋芒和魅力。它提醒着玛佩尼奥的居民，不是每一种存在都需要以一种喧哗的华丽姿态来彰显。

玛佩尼奥红翼蝶

红翼蝶有鲜红的翅膀，以其他昆虫为食，最早被发现于玛佩尼奥的雨林深处。凭借其锋利的下颚，红翼蝶能够捕捉和吞噬各种昆虫，包括苍蝇、蚊子，甚至其他蝴蝶。尽管它以肉食为主，但红翼蝶并不是一种好斗的蝴蝶，通常只吃能够维持它生存所需的东西。

人们发现它会在田野和花园中活动，在猎物上方盘旋，然后俯冲而下捕食。红翼蝶有一双可以发现害虫的敏锐眼睛，可以有效控制有害昆虫的爆发，从而保护农作物和花园。

◇◇◇◇◇

附记录 ⠴

一些农民和园丁已经开始将红翼蝶引入他们的田地和花园，控制自然害虫的生长。凭借其醒目的红色翅膀和令人印象深刻的狩猎技能，红翼蝶已成为玛佩尼奥农民心中不可替代的重要存在。

◇◇◇◇◇

玛佩尼奥紫铃蝶

　　玛佩尼奥紫铃蝶是一种栖居在玛佩尼奥森林深处的小型蝴蝶，它们拥有优秀的飞行能力。其翅膀结构轻巧而坚韧，双翅宽大，可以在林间迅速穿梭。这种飞行技能不仅使它们能够有效地逃避天敌，还有助于它们寻找食物和伴侣。

紫铃蝶的触角非常灵敏，能够感知到空气中微弱的化学信号，帮助它们寻找花朵和适宜的产卵地点。紫铃蝶在幼虫阶段也有着独特的生活方式，幼虫孵化后会迅速寻找适合的植物叶片，用其嘴部特殊的咀嚼器官开始啃食叶

片。它们的身体上覆盖着细小的绒毛，帮助它们在植物的叶片之间轻盈地爬行，避开捕食者的侦察。随着幼虫的生长，它们会多次蜕皮，直到最终完成变态成为成虫。

附记录 ⋰

紫铃蝶的翅膀在扇动时可以发出轻盈的声响，需要在凑近时才可以听到。玛佩尼奥地区有一种掌上弦乐器，据说就是模拟紫铃蝶的声音设计的，名为紫铃筝。

在玛佩尼奥的雨林深处，隐藏着一个秘境——荧之谷。这一天然的绿色矿洞位于一座苍翠的山脉之中，探险者只有经过漫长的探险，才能发现其存在。进入荧之谷，会被一片葱郁的植被所笼罩，巨大的翠绿藤蔓垂挂在高耸的树木上，仿佛是大自然的翡翠项链。这片神秘的领域被环绕着一层微妙的绿光，将整个矿洞映照得宛如仙境。矿洞内部的地面上铺满了柔软的青苔，仿佛是大地的绿色毯子。沿着狭窄的通道前行，会发现洞壁上镶嵌着夺目的绿色晶石，形成精巧的图案，它们散发着微弱的荧光，在矿洞中投下斑驳的影子，犹如微光的引导，指引着探险者通往未知的前方。

附记录

荧之谷的深处隐藏着一座祭坛，上面摆放着古老的石头雕像，其眼中仿佛蕴含着灵性。据说，这座雕像由一位昔日的守护者亲手雕琢而成，寄托了他对这片土地深深的眷恋。每当有探险者来访，雕像似乎会微微发出低吟，诉说着古老的传说和这片神奇之地的故事。

Vermont Senna
Frostwing Blue Butterfly

威名森娜圣茵紫蝶

圣茵紫蝶是威名森娜地区一种罕见的大型蝶种，其主要特点是它的翅膀会呈现出非同寻常的折光性和透明度，如炫目的蓝紫色琉璃一般。这一特征是由其薄而透明的翅膀上结构复杂的彩色鳞片形成的。

圣茵紫蝶是一个昼伏夜出的物种，它的翅膀在月色下显得尤为圣洁，而阳光耀眼的时候，它便蛰伏于树穴之中。圣茵紫蝶以各种开花植物的花蜜为食，其幼虫以特定宿主植物的叶片为食，它们对栖息地的

要求很严格，只栖居在扶安海附近湿度高和开花植物丰富的地区。圣茵紫蝶还以其缓慢、优雅的飞行姿态和独特的求偶表演而闻名，雄蝶会以复杂的轨迹飞行，展示其迷人的翅膀以吸引配偶。该物种的寿命相对较短，个体在野外只能活几个恒星日。

附记录

威名森娜圣茵紫蝶是扶安海神话体系中一种传说中的蝴蝶的原型，它显著的蓝紫色翅膀在威名森娜的文化中代表着"神显现的光"，只在寂静无人的夜晚出现。若在教堂周围看到圣茵紫蝶，则代表着路过的神听见了你的声音并为你驻足。

威名森娜落洛蝶

　　落洛蝶原产于威名森娜的密林中，它的翅展约为8厘米，翅膀主要是明亮的粉红色和灰褐色，落洛蝶身体纤细而修长，有六条细腿，上面覆盖着细细的毛发。落洛蝶的卵通常产在树叶的背面或树皮上。几天后，卵孵化成毛虫，毛虫有一个明亮的绿色身体，上面覆盖着一排排小而尖的刺。

附记录

威名森娜的居民说落洛蝶在远古时是清澈纯粹的粉红色，但后来基因受到了一种名为灰鳞蛾的干扰，这种飞蛾大量地抢夺雄性落洛蝶的伴侣，使得落洛蝶的后代不再纯粹，翅膀上出现灰褐色的斑纹。

这些刺对人类无害，主要用来阻止潜在的捕食者。毛虫大部分时间都在吃叶子和生长，在准备化蛹之前，它可以长到5厘米长。一旦毛虫长达8厘米，它就会在自己周围织出一个丝质的茧。大约20个恒星日后，完全蜕变的蝴蝶便出现了。

Vermont
Senna Zulin Butterfly

附记录

苏林蝶最喜欢的目的地
之一是玛佩尼奥热带雨
林，在那里，它可以尽
情享受花朵的花蜜，沐

浴在温暖潮湿的气候中。
它喜欢探索那郁葱葱的
树叶，边走边发现新的
风景。

威名森娜苏林蝶

　　苏林蝶是威名森娜的一种大型蝴蝶，有着鲜艳的蓝绿色翅
膀。这是一种可以超远距离飞行的蝴蝶，有强大的翅膀和高效
的飞行能力，可以轻易地飞行数百里而不停歇。它们喜欢在广
阔的风景区上空翱翔，从高处欣赏美丽的世界。

Vermont
Senna Crag Butterfly

附记录

红岩蝶的蝶翅上有一种黏稠的红色粉质，这种粉质可以用于制作颜料。红岩蝶的粉质被视为宝贵的艺术材料，被用来绘制祈福图案和装饰艺术品。

威名森娜红岩蝶

　　红岩蝶是威名森娜地区独有的蝴蝶，它们生活在崇山峻岭之间，喜欢在岩石峭壁和红色的岩石间飞舞。这种蝴蝶特别喜欢阳光充足的环境，喜欢栖息在阳光普照的山谷和山坡上。

威名森娜罗兰蝶

　　罗兰蝶栖居在威名森娜，有着奶油般的生物气味。它的翅展约为 8 厘米，其翅膀的上侧为鲜艳的紫色，边缘有精致的花边。这种蝴蝶散发的奶油气味是由位于其翅膀上的特殊腺体产生的。这些腺体分泌出一种具有挥发性的有机化合物，散发出独特的奶油香味。

这种气味有双重作用：它有助于吸引潜在的配偶，以及阻止捕食者。这种蝴蝶最常见于威名森娜的雨林中，在那里，它以各种花的花蜜为食，特别是那些紫色或蓝色的花。除了其迷人的外表和诱人的香味，罗兰蝶还拥有独特

的生物适应性，能够在雨林环境中生存。例如，它的翅膀略微弯曲，能够帮助它轻松地飞过雨林中的茂密植被。此外，罗兰蝶有很好的视力，高度发达的复眼使它能够探测到周围环境中最轻微的动静，再加上其快速和敏捷的飞行能力，它能够躲避潜在的捕食者，如鸟类和蜘蛛。 ◇◇◇◇

附记录

具有奶油气味的的罗兰蝶是一种复杂的生物，也是威名森娜地区一种天然香精的原料。

◇◇◇◇

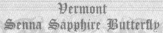

附记录

由于琪兰蝶是一种行动缓慢的蝴蝶，因此捕捉它的难度很低。不知走从什么时候起，森林里流行起了向蝴蝶许愿的风气，

琪兰蝶作为一只慢吞吞的、是着肥硕大尾巴的蝴蝶，经常被居民捉来许愿，又被查发无伤地默默放走。

威名森娜琪兰蝶

　　琪兰蝶是一种小型蝴蝶品种，原产于威名森娜一个遥远的森林。它的翅展约为 6 厘米，尾部有蓝紫色的光泽。琪兰蝶并不是一个飞行速度特别快或灵活的蝶种。更多时候，它都在缓慢而谨慎地飞行，这跟它过于肥硕的尾部也有关系。

Vermont
Senna Coral Butterfly

附记录

橙羽蝶的触角不仅具备
感知功能，还能发出微
弱的共振音，与其他蝴
蝶进行沟通。这种音律
如同大自然的旋律，传

达着关于花蜜、风向和
天气的信息，与大自然
形成一种微妙的生态共
生关系。

威名森娜橙羽蝶

　　橙羽蝶是威名森娜的一种小型蝴蝶，其翅膀上的纹理极为
精致，如琥珀微小的切面。它每一片翅膀的表面上都覆盖着细
微的毛发，使其在飞翔时更显柔和。这些毛发散发着微弱的香
气，像是花朵和果实的混合香味，它翅膀上的鳞片不仅仅是装
饰，还反射周围环境的颜色，让橙羽蝶能够与不同的花卉和植
物融为一体，巧妙地躲避天敌。

威名森娜听叶蝶

听叶蝶是一种蝶翅为彩色叶片状的蝴蝶，它的生命周期很长，幼虫呈现透明状，在花丛中如同一串水迹，十分隐蔽。它是一种中大型蝴蝶，喜群居，每当雨后彩虹刚刚露出的时候便会成群结队出现。

附记录 ⋰

威名森娜在历史上有段时期饱受着饥荒、
疾病和内部纷争的折磨，到处都是病痛和
死亡的气息。民间流传，听叶蝶挥动双翅
时，随风而落的翅粉有着与骨粉一样的作
用，可以优化土壤与净化空气。因此村民

们开始大量收集"炙阳星草"——听叶蝶非常喜爱的植物，引来大量的听叶蝶在此栖息。
在成群的威名森娜听叶蝶的助力下，村民们开始重新振作起来。他们共同努力种植作物，
治疗疾病，度过了那一段艰难的时期。 ◇◇◇◇◇

奎维斯顿 "长夜行者"

学名：奎维斯顿黯鳞蝶

　　黯鳞蝶是一种栖居在奎维斯顿山洞中的蝴蝶，它的翅展约为12厘米，翅膀厚重而坚固，能够在狭窄的洞穴和岩石缝中飞行。黯鳞蝶可以生活在完全黑暗的环境中，所以已经进化到完全失明。它没有眼睛，而是依靠嗅觉来定位它的食物来源，其中包括真菌、腐烂的有机物和其他居住在洞穴中的昆虫等。

由于黯鳞蝶已经适应了黑暗，所以其对光极为敏感。任何光照都会使黯鳞蝶变得迷失方向和虚弱，容易受到同样居住在洞穴中的捕食者的攻击。因此，这种蝴蝶对光线产生了恐惧，并学会了不惜一切代价避开光线。为了避

免暴露在光线下，黯鳞蝶在夜间最为活跃，此时洞穴内完全黑暗。白天，它躲在洞壁的缝隙和裂缝中，以避免任何可能透进来的光线。它的翅膀特别适合反射紫外线，这有助于它与周围环境融为一体，避免被捕食者发现。

附记录

黯鳞蝶是较晚被发现的蝶种之一，它们不仅活动在人迹罕至的奎维斯顿北部地区的深处，还长期蛰伏在洞穴之中，但在无人区的永夜中，其鲜明纷呈的颜色令探险者们惊异。

奎维斯顿翠榛蝶

　　翠榛蝶是奎维斯顿一种为数不多的亮丽的绿色蝴蝶，其翅膀与繁茂的绿植有着同样的色调。它的璀璨色彩源于翅膀上布满的微小的晶体斑点，闪烁着微弱的光芒。每只翠榛蝶自羽化成蝶起，身上便悬挂着一颗晶石，有的会进化出两颗。晶石一开始是透明的，在阳光的照射下会迅速生长，反射出不同的光泽，并在蝴蝶的翅膀周围形成轻盈华美的晶簇。

翠榛蝶的身形相对较小，身长只有5厘米左右，但它的翅膀宽大，身体修长，宛如飘忽的宝石。翠榛蝶主要栖息在奎维斯顿南方温暖的森林和花园中，它们对阳光有着特殊的依赖，晶石的状态和它们的生命力都与阳光的强度有关。翠榛蝶对气温的变化十分敏感，不喜欢寒冷的气候，突然而至的寒流都可能导致它们瞬间的衰亡。翠榛蝶十分惧火，当它们的晶石太靠近火种时，它们会迅速燃烧至死。

附记录

翠榛蝶在奎维斯顿温暖的南方随处可见，是春夏时节一道靓丽的风景，但由于其易燃的特点，许多农民拿它作为生火的材料。这里地处偏远，许多生活必需品都是就地取材，只要将其储存在堆满稻草的干燥罐头中，不用喂食也能存活一周左右。生火时，只需将翠榛蝶靠近小火星，它就能迅速燃烧。这样美丽的蝴蝶在灶台之下被焚烧得噼啪作响，它生命的尽头也只是粘在农民手上的一点余灰。

奎维斯顿碎岩青蝶

碎岩青蝶是一种栖居在无人区的生物，对岩石有独特的喜好。人们经常可以发现它栖息在大石块上，用它细长的探针刮走微小的石头碎片。碎岩青蝶已经进化到可以消化岩石中的矿物质和营养物质。它可以在奎维斯顿一些最恶劣的环境中生存，包括沙漠和岩石山脉。这种蝴蝶的消化系统高度专业化，可以分解岩石中发现的坚硬的矿物结构，而且它有一种强大的胃酸，甚至可以溶解最坚硬的石头。

碎岩青蝶在奎维斯顿生态系统中发挥着重要作用。通过食用岩石，它可以分解矿物质，并将营养物质释放到土壤中，从而可以被其他植物和动物利用。它独特的消化系统会生成一种强大的胃酸，可以溶解

岩石中发现的坚硬的矿物。碎岩青蝶的长鼻器是一种长而细的管状舌头，适合用于刮去微小的石头碎片。碎岩青蝶消化岩石的能力部分归功于其肠道中存在的细菌。这些细菌能够分解岩石中的矿物质，并释放出可被蝴蝶身体吸收的营养物质。碎岩青蝶的身体也适合处理食用岩石造成的潜在有害影响。它的排泄系统可以过滤掉任何可能有毒的矿物质，它的消化道内有一层坚韧的保护层，能够防止岩石尖锐边缘的磨损。

◇◇◇◇◇

附记录 ⋰

碎岩青蝶的食物并不局限于某一种岩石，它可以食用多种矿物，包括石英、花岗岩和石灰石等。

◇◇◇◇◇

· 11 ·

奎维斯顿温西蝶

温西蝶是奎维斯顿地区的一种黑白色相间的小型蝴蝶，它们经常活跃在火山地区，具有天然的抗火防御机制，可以承受强烈的热量和火焰。这种蝶的幼虫生活在火山灰之中，通过吸收火山灰里天然的矿物质元素生存直到预蛹期。它们会寻找一处石缝，在那里不受任何外界的干扰，安静地等待 21 个恒星日后，温西蝶便会破蛹而出，其翅膀上有精致的蕾丝状花纹，看似柔软，实则是一种很坚固的结构，能够抵御高温的侵蚀。

附记录

在奎维斯顿的部落文化中，温西蝶拥有神秘的抗火能力，这种能力源于自身可以召唤和操纵火焰，可以使蝶身看似处在火焰中心却毫不受干扰。"温西"在部落文化中是火焰之神的意思，有商人曾尝

试大量捕捉这种蝴蝶为了提炼出防火物质，由于当地人对火焰之神有着特殊的信仰和尊重，因而遭受了当地人的围攻。后来，人们便不敢再去打扰这种蝴蝶，仅仅用它的形象装饰奎维斯顿地区古老的挂毯、彩色玻璃窗和神话书的书页等。

◇◇◇◇◇

奎维斯顿止灵蝶

　　在自然资源贫瘠的奎维斯顿北部地区有一种止灵蝶，拥有能够忍受长时间饥饿的特性，它即使在营养匮乏的情况下也能茁壮成长。虽然大多数蝴蝶依赖于定期摄取花蜜或其他食物，但止灵蝶在它漫长的生命周期内，只需要进食几次，而且它是一种杂食性蝴蝶，大多数花蜜、水果，甚至小昆虫都可以满足它的食物需求。

它在饥饿状态中已发展出了超强的复原力和耐心。在奎维斯顿资源最匮乏的时期，止灵蝶会进入一种类似于"休眠"的状态，其新陈代谢率会显著降低。这种能力能让它保存能量，在不需要食物

的情况下长时间地存活。在休眠期，止灵蝶的翅膀优雅地折叠在身体周围，与腹下的大理石状花纹完美地融合在一起。止灵蝶拥有一种与生俱来的本能，能够预测食物匮乏的时期。利用其卓越的感官知觉，它可以探测到环境中的微妙变化，如天气的变化或其首选食物来源的变化。这种先见之明使止灵蝶能在进入休眠期之前就储备充足的能量，为自己做好准备。

附记录

即使经过数周甚至数月的休眠期，一旦有利条件恢复，止灵蝶就会拥有新的活力重新苏醒，仿佛没有经历岁月的磋磨。

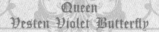

附记录

紫髓蝶并不是一种存在感很
强的蝴蝶，人们也很少提到

它，但它仍然是首屈的奎维斯
顿生态系统中不可或缺的一环。

奎维斯顿紫髓蝶

　　紫髓蝶是奎维斯顿南部常见的小型蝶种，它开始时是一个
小小的、半透明的紫罗兰色的卵，主要掩藏于一些苔藓类植物
中。在几个星期内，卵便会孵化成一个小小的毛虫，天鹅绒般
的黑色身体上装饰着小紫斑。这种毛虫行动缓慢，主要以藓类
为食，约15个恒星日后，它就进入预蛹期了。破蛹后，它的
翅膀呈深紫色和乌黑色，上缘有丝绒般的黑色阴影，它的翅展
为4厘米至6厘米，主要活动于夏季。

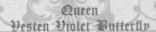

Queen
Vesten Violet Butterfly

附记录

由于紫茵蝶出没在人
比较少的奎维斯顿地
区，且常年生活在洞
穴中，因此很少有人

能发现它的踪影，
甚至到现在人们都
认为它是一种传说
中的神秘蝴蝶。

奎维斯顿紫茵蝶

　　紫茵蝶是奎维斯顿洞穴中的一种蝴蝶，两对翅膀交叠着，
上翅偏小，几乎只能起到装饰作用，且在持续退化中，飞行时
主要靠一对肥大的下翅，在黑暗的洞穴中闪闪发光。它的翅膀
上有紫色的斑纹，长而精致的触角能够帮它在昏暗的洞穴中导
航。尽管生活在山洞里，但紫茵蝶也是一种非常善于社交的蝴
蝶，经常在山洞里飞来飞去，和小蝙蝠一起探索山洞里许多隐
藏的角落和缝隙。生活在山洞里可能是一种挑战，但紫茵蝶已
经适应了这种环境。它以生长在洞壁缝隙中的小花的花蜜为食，
并利用敏锐的视觉在黑暗中飞行。

奎维斯顿梓英蝶

梓英蝶是一种栖居在奎维斯顿山洞中的小型蝴蝶，它的翅展约为 12 厘米，翅膀以紫罗兰色为主，其上有暗橙色的条纹。它的翅膀厚且坚固，这让它能够在狭窄的洞穴和岩石地形中飞行。梓英蝶可以生活在完全黑暗的环境中，已经进化到完全失明。

它没有眼睛，而是依靠嗅觉来定位它的食物，其中包括真菌、腐烂的有机物和其他居住在洞穴中的昆虫等。由于已经适应了黑暗，梓英蝶对光极为敏感。任何光照都会使蝴蝶迷失方向和变得虚弱，使其容易受到同样居住在洞穴中的捕食者的攻击。因此，这种蝴蝶对光

线产生了恐惧，它们学会了不惜一切代价避开光线。为了避免暴露在光线下，梓英蝶在夜间最为活跃，此时洞穴内完全黑暗。白天，它躲在洞壁的裂缝中，以避免任何可能透进来的光线。它的翅膀特别适合反射紫外线，这有助于它与周围环境融为一体，避免被捕食者发现。

◇◇◇◇◇

附记录

梓英蝶是较晚被发现的蝶种之一，它们不仅活动在人迹罕至的奎维斯顿北部地区的深处，还长期蛰伏于洞穴之中。

◇◇◇◇◇

奎维斯顿灰荧蝶

灰荧蝶是栖居在奎维斯顿北部森林中的小型蝶种，身形娇小，翅膀呈浅灰色，在温度极低的情况下会变成深灰色。灰荧蝶的虫卵是黑色的，主要隐藏在岩石壁中。它的幼虫体长一般只有 3 厘米至 5 厘米，最长可以长到 7 厘米左右，经过 20 个恒星日，就能展翅成蝶。

它们通常是群居动物，生命周期较长，可达数月，但在奎维斯顿地区也有许多天敌，小型蜥蜴类和鸟类都以灰荧蝶为食。

附记录

灰荧蝶是奎维斯顿比较常见的蝶种，是当地土著深刻的记忆，陪伴了他们数千年的历史，在许多古画和记载中都能发现它们的身影。

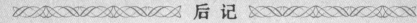

　　我常常在想，蝴蝶，当我们为这些小生灵而着迷的时候，我们究竟着迷于什么？从古希腊文明到古老的东方文明，蝴蝶都不约而同有着不俗的寓意，它们是灵魂的、祖先的、形而上的精灵，无数的故事、诗歌围绕着它们，歌颂着它们。我无意去破译这一物种的学问和意义，抛却那一切深沉的严肃话题，在我眼里，蝴蝶就是有着直观的美丽的生灵，这是存在于大部分人基础审美中的感受，就像婴儿初闻到一朵玫瑰花香时的那种普遍的喜悦，那是一种共识的美。我认为"美"就是"美"本身的解释，它在诞生之初就完成了它的目的，它是令人欢欣而满足的。

　　这一本蝴蝶之书，纯粹就是为了这样一种愉悦人的目的而存在的，如果你偶然翻开这一本书，在公元某个纪年里，你走神了，你好奇世界上是不是真的存在过这样一种生灵，有着这样一段传说，你跟着做了一场斑斓的美梦，那我将感到十足、十足的幸福。

　　也许在某个高维空间里，也有神明在惊奇我们美丽的存在呢！

　　感谢我陌生的朋友。

白日臆想

敬上